U0203238

普通高校本科计算机专业特色教材精选·算法与程序设计

C语言程序设计及应用教程

郭　鹏　康元元　孙宏强　孙建起　编著

清华大学出版社
北京

内 容 简 介

本书针对零基础初学者循序渐进地介绍了C语言知识及其程序设计方法,主要教学内容包括算法、数据类型、运算符、表达式、程序结构、数组、函数、指针、结构体、共用体、位运算、文件和实例分析。

本书根据初学者的特点,在章节安排、内容讲解和例题分析方面做了精心策划。整书体系合理,教学内容由浅入深且通俗易懂,章节例题力求典型且讲解细致。为使读者放心参考,书中所有例程均在Visual C++ 6.0运行环境下进行了运行验证。

本书可作为高等院校电类专业C语言程序设计课程的教材,也可作为广大C语言学习爱好者的自学和参考用书。

图书在版编目(CIP)数据

C语言程序设计及应用教程/郭鹏等编著.—北京:清华大学出版社,2017(2023.8重印)
(普通高校本科计算机专业特色教材精选·算法与程序设计)
ISBN 978-7-302-46816-5

Ⅰ. ①C… Ⅱ. ①郭… Ⅲ. ①C语言-程序设计-高等学校-教材 Ⅳ. ①TP312.8

中国版本图书馆CIP数据核字(2017)第052734号

责任编辑:文 怡 王冰飞
封面设计:傅瑞学
责任校对:胡伟民
责任印制:曹婉颖

出版发行:清华大学出版社
          网   址:http://www.tup.com.cn,http://www.wqbook.com
          地   址:北京清华大学学研大厦A座   邮   编:100084
          社 总 机:010-83470000   邮   购:010-62786544
          投稿与读者服务:010-62776969,c-service@tup.tsinghua.edu.cn
          质量反馈:010-62772015,zhiliang@tup.tsinghua.edu.cn
          课件下载:http://www.tup.com.cn,010-83470236
印 装 者:三河市龙大印装有限公司
经   销:全国新华书店
开   本:185mm×260mm   印   张:16   字   数:390千字
版   次:2017年6月第1版   印   次:2023年8月第6次印刷
定   价:39.00元

产品编号:073095-01

出版说明

在我国高等教育逐步实现大众化后，越来越多的高等学校将会面向国民经济发展的第一线，为行业、企业培养各级各类高级应用型专门人才。为此，教育部已经启动了"高等学校教学质量和教学改革工程"，强调要以信息技术为手段，深化教学改革和人才培养模式改革。如何根据社会的实际需要，根据各行各业的具体人才需求，培养具有特色显著的人才，是我们共同面临的重大问题。具体地，培养具有一定专业特色的和特定能力强的计算机专业应用型人才则是计算机教育要解决的问题。

为了适应 21 世纪人才培养的需要，培养具有特色的计算机人才，急需一批适合各种人才培养特点的计算机专业教材。目前，一些高校在计算机专业教学和教材改革方面已经做了大量工作，许多教师在计算机专业教学和科研方面已经积累了许多宝贵经验。将他们的教研成果转化为教材的形式，向全国其他学校推广，对于深化我国高等学校的教学改革是一件十分有意义的事。

清华大学出版社在经过大量调查研究的基础上，决定编写出版一套"普通高校本科计算机专业特色教材精选"。本套教材是针对当前高等教育改革的新形势，以社会对人才的需求为导向，主要以培养应用型计算机人才为目标，立足课程改革和教材创新，广泛吸纳全国各地的高等院校计算机优秀教师参与编写，从中精选出版确实反映计算机专业教学方向的特色教材，供普通高等院校计算机专业学生使用。

本套教材具有以下特点：

1. 编写目的明确

本套教材是深入研究各地各学校办学特色的基础上，面向普通高校的计算机专业学生编写的。学生通过本套教材，主要学习计算机科学与技术专业的基本理论和基本知识，接受利用计算机解决实际问题的基本训练，培养研究和开发计算机系统，特别是应用系统的基本能力。

2. 理论知识与实践训练相结合

根据计算学科的三个学科形态及其关系，本套教材力求突出学科理论与实践紧密结合的特征，结合实例讲解理论，使理论来源于实践，又进一步指导实践得到自然的体现，使学生通过实践深化对理论的理解，更重要的是使学生学会理论方法的实际运用。

3. 注意培养学生的动手能力

每种教材都增加了能力训练部分的内容，学生通过学习和练习，能比较熟练地应用计算机知识解决实际问题。既注意培养学生分析问题的能力，也注重培养学生解决问题的能力，以适应新经济时代对人才的需要，满足就业要求。

4. 注重教材的立体化配套

大多数教材都将陆续配套教师用课件、习题及其解答提示，学生上机实验指导等辅助教学资源，有些教材还提供能用于网上下载的文件，以方便教学。

由于各地区各学校的培养目标、教学要求和办学特色均有所不同，所以对特色教学的理解也不尽一致，我们恳切希望大家在使用教材的过程中，及时地给我们提出批评和改进意见，以便我们做好教材的修订改版工作，使其日趋完善。

我们相信经过大家的共同努力，这套教材一定能成为特色鲜明、质量上乘的优秀教材，同时，我们也希望通过本套教材的编写出版，为"高等学校教学质量和教学改革工程"作出贡献。

清华大学出版社

前 言

PREFACE

　　自 1972 年诞生以来，由于数据类型丰富、运算方便、表达方式灵活、兼具高级语言和低级语言的优点且能够直接对计算机硬件进行操作，C 语言迅速成为一种在全世界范围内被广泛使用的程序设计语言。

　　在实际应用中，从网络后台程序到计算机操作系统，各种各样的应用程序和游戏均可使用 C 语言进行开发设计，用其编写的程序普遍具有执行效率高、代码紧凑、可移植性好等优点。

　　鉴于 C 语言在工业领域中的重要性，很多高职院校和普通高等院校都将其作为电类专业学生的程序设计基础语言课程，其目的是使学生在了解并掌握程序设计思想和方法的基础上，培养计算机程序设计的实践能力。

　　C 语言的优秀教材很多，但能够将 C 语言与电类专业应用联系在一起，并让零基础初学者欣然接受的却并不多。 因此，本书针对初学者的学习特点，通过内容整合、示例精讲、实例分析等方式，重新整理安排了电类专业 C 语言教学内容，力图使其更加简洁明确、通俗易懂，更具专业针对性。

　　本书以 ANSI C 为标准（美国国家标准协会推出的 C 语言标准），以 Visual C++ 6.0 为集成开发环境，全面系统地介绍了 C 语言及其程序设计思想和方法，主要特点如下：

　　（1）教学内容由浅入深、循序渐进，符合初学者零基础的特点。 前 4 章作为基础部分，各章节知识点讲解简单明了，示例丰富，能够帮助读者尽快掌握 C 语言基础。 第 5～10 章作为进阶部分，在介绍知识点的同时更注重知识点的综合运用。 第 11 章作为高级部分，通过专业编程实例向读者展示了电类专业 C 语言编程常用知识点的实际使用情况。

　　（2）章节安排合理。 在循序渐进安排教学内容的同时，本书对部分章节的知识点讲解顺序进行了调整，使整个教学内容更富条理，更符合初学者的学习节奏，学习效率更高。

　　（3）避免知识点的简单罗列，避免细枝末节的语法干扰。 因为 C 语言的知识点多且散，初学者很难全部掌握，所以本书根据 C 语言在电类专业的实际应用情况，对知识点进行了必要的区分。常用知识点均辅以经典实例详细讲解，使读者对知识点的掌握更深入透彻。偏僻知识点的讲解则力求简洁，以免过多的语法细节干扰读者的学习进度。

（4）示例经典，注释详细。书中的重点教学内容均附有典型示例，对相关知识点的注释讲解极为详细，方便读者直观了解和分析知识点的应用情况。

（5）结合科研竞赛内容，理论联系实际，注重实战能力培养。在计算机、电气、电子、通信等电类专业实际应用中，C 语言的编程应用极为广泛。因此，借助作者所在单位——石家庄学院物电学院近年来在全国电子设计大赛、全国智能车竞赛、河北省挑战杯等科研竞赛中的经验积累，本书专门整理搜集了多个基于 C 语言的科研竞赛实例。通过实例分析让读者更好地感受和实践 C 语言编程的乐趣。

本书由石家庄学院郭鹏、康元元、孙宏强、孙建起编写，其中，第 1～3 章、第 5～7 章和第 9 章由郭鹏编写，第 8 章、第 10 章及附录由康元元编写，第 11 章由孙宏强编写，第 4 章由孙建起编写。全书由郭鹏主编并统稿。此外，石家庄学院张玉丰和张勇杰同学也参与了本书的部分实例整理工作。

本书在编写过程中参阅了大量的参考文献，在此对它们的作者表示衷心的感谢。由于编者水平有限，书中难免有错误和疏漏之处，恳请广大读者批评指正。

作　者

2017 年 3 月

目 录

CONTENTS

第 **1** 章

C 语言概述

1.1 基 础 知 识

在这个信息大爆炸的时代,计算机的应用无所不及、无处不在。在日常工作和生活中,计算机被用来加工和处理各种各样的信息,如数值、文字、声音、图形图像、视频等。计算机之所以能完成这些工作是因为它和人类一样有自己的"身体"和"大脑"。

计算机由硬件和软件两部分组成。其中,硬件相当于计算机的"身体",是计算机执行各种任务的物质基础,是各种看得到、摸得着的物理设备。软件也叫程序,相当于计算机的"大脑",是一系列由程序设计语言设计的,能够使计算机执行具体任务的指令,包括系统软件、应用软件和介于两者之间的中间件。

$$计算机 \;=\; 硬件 \;+\; 软件(程序)$$
$$\downarrow \qquad\quad \downarrow \qquad\qquad \downarrow$$
$$人 \;=\; 身体 \;+\; 大脑$$

作为典型的数字设备,计算机只能识别和处理二进制数据,即数字"0"和"1"。因此,要使计算机按照人的意图去执行某个具体任务,必须借助某种信息交换工具来发布指令,而这一信息交换工具就是程序设计语言。

程序设计语言可分为低级语言和高级语言两种,其中低级语言又包括机器语言和汇编语言。

机器语言(Machine Language)是用二进制代码表示的,计算机能够直接识别和执行的一种机器指令的集合。它是计算机的设计者通过计算机的硬件结构赋予计算机的操作功能,具有可直接执行、速度快等特点。一条机器指令就是一条机器语言语句,由一组包括操作码和地址码的二进制代码构成。需要注意的是,计算机的机器语言互不相通,按照一种计算机的机器指令编制的程序不能在另一种计算机上执行。因此,用机器语言编写程序,编程人员首先要熟记计算机的全部指令代码及其含义。在编写程序时,程序员需要处理每条指令以及每一数据的存储分配和输入输出,还要记住编程过程中每步所使用的工作单元处于何种状态,这是一件十分烦琐的工作。编写程序花费的时间往往是实际运行时间的几十倍或几百倍,而且编出的程序全是0和1的指令代码,程序的直观性和可读性极差。

汇编语言(Assembly Language)也叫符号语言,一般使用助记符(Mnemonics)代替机器指令的操作码,用地址符号(Symbol)或标号(Label)代替指令或操作数的地址。与机器语言相比,汇编语言更容易记忆,使用更方便。但是,汇编语言同样是与不同的机器语言指令集对应的,在不同计算机之间的可移植性较差,开发周期较长,一般用于编写驱动程序、嵌入式操作系统和实时运行程序。

高级语言(High-level Programming Language)是以人类日常语言为基础,经过高度封装的编程语言。它与计算机的硬件结构和指令系统无关,表达能力更强,可以很方便地表示数据的运算和程序的控制结构,能很好地描述各种算法,容易学习掌握。使用高级语言编写程序花费的时间更短,程序可读性和可移植性也更高。但是,用高级语言编译生成的程序代码一般比用汇编语言编译生成的程序代码长,执行速度相对稍慢。高级语言的种类很多,常用的有数十种,如BASIC、FORTRAN、PASCAL、JAVA、PHP、C++、C♯以及本书将要介绍的C语言等。

下面以加法运算A=A+B为例,分别用机器语言、汇编语言和高级语言编程实现。

机器语言:00010101
            00010110
            00110101
汇编语言:LOAD   A
            ADD   B
            STORE   A
高级语言:A=A+B

1.2   为什么要学C语言

前面提到,作为人与计算机的信息交换工具,程序设计语言有很多种,那么为什么要学C语言呢?很简单,因为C语言是世界上应用最广泛、最基础的高级程序设计语言,是很多高级程序设计语言的基础,如C++、C♯、JAVA、Objective-C、PHP等。

C语言是1972年由美国贝尔实验室的D. M. Ritchie在B语言的基础上设计出来的。它的设计初衷是为了提供一种描述和实现UNIX操作系统的工作语言。以1978年的UNIX第7版中的C语言编译程序为基础,Brian W. Kernighan和Dennis M. Ritchie合著了著名的 The C Programming Language 一书。这本书中介绍的C语言成为后来广泛使用的C语言版本的基础。1983年美国国家标准协会(American National Standards Institute)根据C语言问世以来各种版本对C语言的发展和扩充制定了第一个C语言标准,即83 ANSI C。ANSI C比原来的标准C有了很大的进步。1989年ANSI又公布了新的标准,简称C89。1990年国际标准化组织ISO(International Standard Organization)接受C89为ISO C的标准,通称C90,与C89基本相同。1999年,ISO又修订推出了 C99。目前常用的 C 语言编译器大多是以 C89 为基础开发的。不同的 C 语言编译器对 C 语言编程而言大同小异，常见的工具有 Turbo C、Quick C、Visual C++等。本书中的所有例程都是在 Visual C++环境下编写的。

与低级语言和其他高级语言相比，C 语言主要有以下优点。

（1）内容简洁、使用方便、表达力强：ANSI C 一共只有 32 个关键字，9 种控制语句。与其他高级语言相比，C 语言压缩了一切不必要的成分，编写的程序更简练、高效。C 语言的表达力很强，可以完成普通算术及逻辑运算，可以直接处理字符、数字、地址和位运算。

（2）程序书写自由：C 语言给予了编程者较大的自由度，对语法限制不太严格，程序设计更加灵活。

（3）运算符和数据结构类型丰富：C 语言有 34 种运算符，它把括号、赋值、逗号等都作为运算符处理，从而使运算类型极为丰富，可以实现很多其他语言难以实现的运算。C 语言的数据结构也很多，除整型、实型、字符型、数组类型、指针类型等基本数据类型外，还可以构造结构体类型、共用体类型等数据结构，用于实现各种复杂的数据结构运算，如链表、树、栈等。

（4）结构化设计语言：C 语言具有多种结构化控制语句，如 if…else 语句、while 语句、switch 语句、for 语句等。C 语言以函数为基本单位，可以方便地实现程序的模块化设计，使程序结构清晰、可读性强，便于使用、维护及调试。

（5）C 语言可以直接对硬件进行操作：C 语言能够直接访问硬件地址，能够进行位操作，可实现汇编语言的大部分功能，兼具高级语言和低级语言的优点。

（6）C 语言的可移植性好：与汇编语言相比，用 C 语言编写的程序可移植性更好，程序无须改动或稍加改动即可从一种运行环境移植到另一种运行环境。

（7）C 语言生成的目标代码质量高，程序执行效率高：针对同一问题，C 语言代码的执行效率只比汇编语言低 10%～20%，比其他高级语言要高。

对计算机、电子、电气等工科专业学生而言，C 语言是一门必须要掌握的高级语言，因为在实际的工业生产中很多工业控制设备的程序都是用 C 语言编写的。

1.3　C 程序结构分析

为了更直观地认识 C 语言程序，下面列举几个简单的例子，用于分析 C 语言程序的组成结构。

例 1.1　在计算机屏幕上输出一个单词：Hello!

程序如下：

```
#include<stdio.h>
int main(void)
{
    printf("Hello!\n");
    return 0;
}
```

程序运行结果如下：

```
Hello!
```

在上例中，第 1 行"♯include < stdio.h>"为编译预处理命令，它不是 C 程序的语句。其目的是为后面的 C 程序提供标准输入输出函数，读者在这里不必细究，在后续章节会详细介绍。现在读者只需知道当 C 程序需使用系统提供的输入输出函数时必须在程序开头写上这一命令行（此例要用到输出函数"printf"）。

从第 2 行开始才是用户自己编写的 C 程序。C 程序是以函数为基本单位的。上例编写的程序中只包含了一个函数。main 是函数的名字，表示主函数。任何一个完整的 C 程序都有且只有一个主函数。C 语言规定主函数名必须用 main。main 后面的小括号"( )"里可以写函数要用到的参数名及类型，也可以为空（void），但不能省略。前面的 int 表示主函数 main 的返回值为 int 型，即执行此函数后会产生一个 int 型的函数值返回给操作系统（根据最新的 C99 标准，主函数 main 的返回值只能是 int 型）。操作系统会根据返回值判断程序的执行情况。如果返回值为"0"，表示程序正常退出；如果返回值为"非 0"，表示程序异常退出。在 VC++ 6.0 中对主函数返回值的要求不严格，这一行如果写成 main()，程序同样能够正常执行，但从良好的编程习惯和程序可移植性方面考虑，建议初学者规范书写。

第 3 行的"{"和第 6 行的"}"是一对大括号，它们包含的是函数体。当一个函数内有多对大括号时，最外层的一对大括号为函数体的范围。

第 4 行和第 5 行是函数的函数体。第 4 行是一个输出语句，其中 printf 是 C 编译器提供的标准函数库中的输出函数，其作用是将双引号内的字符串原样输出（第 4 章会详细介绍）。字符串中的"\n"是换行符，其作用是在输出 Hello! 后回车换行。该语句最后的分号";"是每个 C 语句的必要组成部分，不可或缺，哪怕是程序中的最后一个语句也应加上分号。第 5 行用于产生主函数的返回值。如果程序运行正常，最终将产生"0"返回给操作系统，系统认为程序正常退出；如果系统收到"非 0"返回值，则认为程序异常退出。

需要强调的是，在编写 C 语言程序时要注意区分大小写。若 main 写成 Main，或 printf 写成 Printf，程序在编译时会出现错误。

例 1.2　已知矩形的宽为 3m、长为 4m，求矩形的面积。

程序如下：

```
♯include< stdio.h >              /* 编译预处理命令 */
int main(void)                   /* 主函数 */
{
    int a, b, area;              /* 定义矩形宽 a、长 b 以及面积 area */
    a=3;                         /* 变量 a 表示矩形的宽，赋值为 3 */
    b=4;                         /* 变量 b 表示矩形的长，赋值为 4 */
    area=a * b;                  /* 利用公式求出面积后赋给 area */
    printf("a=%d, b=%d, area=%d\n", a, b, area);
                                 /* 输出矩形的宽、长和面积 */
    return 0;
}
```

程序运行结果如下：

```
a=3, b=4, area=12
```

上例是计算矩形的面积，即求 a、b 两个数的乘积。由于后面需要用到标准输出函数 printf，因此要在第 1 行使用编译预处理命令"#include < stdio. h >"。第 2 行定义了主函数 main，其返回值为"int 型"。第 3 行和第 10 行的一对大括号中的内容为函数体。第 4 行为定义语句，定义了三个后期运算需要用到的整型变量（即值为整数的变量）。后面的"/ * … * /"是注释语句，其中"/ *"和" * /"必须一头一尾成对出现，注释内容为中、英文均可。注意，注释语句不参与程序运行，只是为了提高程序的可读性，对程序中的语句进行解释说明。第 5 行和第 6 行为赋值语句，变量 a 表示矩形的宽，赋值为 3；变量 b 表示矩形的长，赋值为 4。第 7 行语句首先计算长和宽的乘积，然后将其赋给表示面积的变量 area。第 8 行是输出语句，用于输出矩形的宽、长和面积。对于 printf 的使用暂时不要求掌握，在后续章节会详细介绍。第 9 行用于产生主函数的返回值"0"。

例 1.3　输出两个整数中的较大数。

程序如下：

```
# include < stdio. h >                    /* 编译预处理命令 */
int main(void)                            /* 主函数 */
{
    int x, y, z;                          /* 变量声明,定义三个变量 x、y、z */

    int max(int a, int b);                /* 函数调用声明 */

    printf("请输入两个整数: \n");          /* 输出一句话,提示用户输入两个整数 */
    scanf("%d%d", &x, &y);                /* 输入 x 和 y 的值 */

    z=max(x, y);                          /* 调用 max 函数 */

    printf("较大数为: \n%d\n", z);         /* 输出比较结果 */
    return 0;
}

int max(int a, int b)                     /* 定义函数 max,用于比较两数的大小 */
{
    if(a>b)                               /* 控制语句 */
        return a;                         /* 如果 a 大于 b,则将 a 返回主函数 */
    else                                  /* 控制语句 */
        return b;                         /* 如果 a 小于或等于 b,则将 b 返回主函数 */
}
```

程序运行结果如下：

```
请输入两个整数:
4 6
较大数为:
6
```

在上例中,程序的功能是先让用户输入两个整数,程序执行后输出其中较大的数。与前面两个例子相比,这个程序由两个函数组成,即主函数 main 和函数 max。在程序执行过程中,主函数 main 会调用函数 max 对两个数进行比较并输出结果。函数 max 是用户自定义的一个函数,其功能是比较两个数的大小,并将较大的数返回给主函数。注意,main 和 max 这两个函数是并列关系。为实现函数调用,主函数 main 在程序的第 5 行对被调函数 max 做了声明(关于函数调用的问题这里不必细究,在后续章节将详细介绍)。

此程序在执行时首先在屏幕上显示一句提示语——请输入两个整数。两个数之间可以用空格或按回车键隔开。在输入两个整数后再次按回车键,程序会通过输入函数 scanf 将这两个数分别送给变量 x 和 y,然后调用 max 函数,并把 x 和 y 的值传给 max 函数。两个数在 max 函数中比较大小后较大的数被返回主函数 main 并赋给变量 z。最后,程序在屏幕上输出两个数中的较大数。

通过分析上述三个例子可以发现 C 语言程序具有以下特点:

(1) C 程序由函数构成,一个函数实现一个特定的功能,程序的具体功能都是由各个函数实现的,因此函数是 C 语言的基本单元。

(2) 一个 C 程序有且只有一个主函数 main,但还可以包含若干个其他函数。无论主函数 main 在整个程序中的什么位置,一个 C 程序总是从主函数 main 开始执行,并以主函数 main 结束。

(3) 所有函数都是并列关系(包括主函数 main),函数可以相互调用,但主函数 main 除外。因为 C 语言规定,主函数 main 可以调用其他函数,但主函数本身只允许被系统调用,其他函数不得调用。

(4) 被调用的函数可以是系统提供的标准库函数,也可以是用户自己设计的函数。

(5) 一个函数由函数首部和函数体两部分组成。函数首部包含函数返回值类型、函数名、形式参数名和形式参数类型。函数体即函数首部下面大括号"{}"内的部分,一般包括声明部分和语句部分。

(6) C 程序没有行号,书写格式相对自由。一行可以写一条语句,也可以写多条语句。但为了阅读方便,应避免多条语句连续书写。

(7) C 程序中每一条语句的结尾必须有一个分号,但预处理命令、函数头和大括号"}"之后不加分号。

(8) C 语言没有输入输出语句,输入输出操作由编译器提供的库函数完成,如 printf 和 scanf。通过输入输出的函数化管理可以有效减小 C 程序的编写规模,提高程序的可移植性。

(9) C 程序允许使用预处理命令(include 命令仅为其中一种),一般放在源文件或源程序的最前面。

(10) 标识符、关键字之间必须至少加一个空格以示间隔。若已有明显的间隔符,也可不加空格。

此外,从规范化编程的角度出发,为使 C 程序便于阅读、理解和维护,并且养成良好的编程习惯,用户在使用 C 语言编程时应尽量遵循以下规则:

（1）定义变量名、函数名时应有明显的描述意义，尽量不要简写。

（2）一个说明或一个语句占一行。

（3）适当空行。为使程序更加清晰，在变量声明、函数声明或不同函数之间可以适当增加空行。

（4）用"{}"括起来的部分通常表示程序的某一层次结构。"{}"一般与该层次结构语句的第一个字母对齐，并单独占一行。

（5）低一层次的语句（说明）应比高一层次的语句（说明）缩进后书写，为整齐起见，使用 Tab 键缩进可以使程序结构更整齐、更清晰。

（6）程序注释。详细的程序注释有助于提高程序的可读性和可维护性。

1.4　C 程序上机步骤

下面给出 Visual C++ 6.0 集成环境下例 1.1 的上机步骤：

（1）安装 Visual C++ 6.0。

（2）启动 Visual C++ 6.0。进入主界面，如图 1.1 所示。

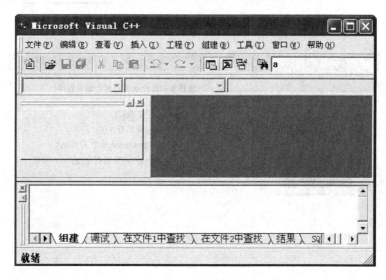

图 1.1　Visual C++ 6.0 主界面

（3）创建一个工程。选择菜单栏的"文件"菜单中的"新建"命令，弹出"新建"对话框，首先选择 Win32 Console Application 选项，建立 Win32 控制台应用程序，然后在对话框右侧创建新的工作空间，指定工程文件的存储路径，并输入工程名称 example，如图 1.2 所示。

（4）单击"确定"按钮后会弹出如图 1.3 所示的对话框，要求用户选择控制台程序的类型，这里选择最简单的空工程。

（5）单击"完成"按钮，新的空白工程 example 创建完成，弹出如图 1.4 所示的主界面。

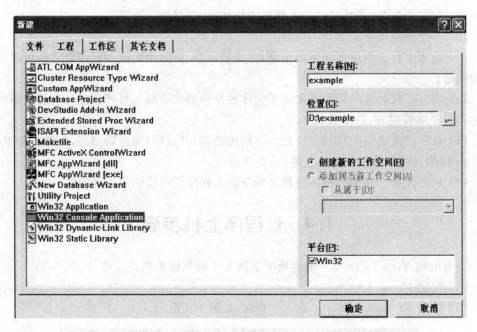

图 1.2　"工程"选项卡

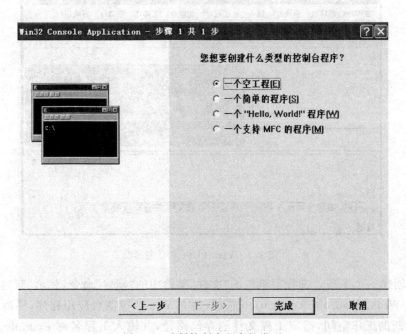

图 1.3　选择控制台程序的类型

　　(6) 在新的工程中创建 C 语言源程序文件。在图 1.4 所示的主界面中选择"文件"菜单下的"新建"命令,弹出如图 1.5 所示的对话框。

　　(7) 在左侧选择 C++ Source File 创建新的源程序文件,在右侧将新建文件添加到工程 example 中,并将文件命名为 1_1.c。注意,要记住给新建文件添加扩展名".c",否则系

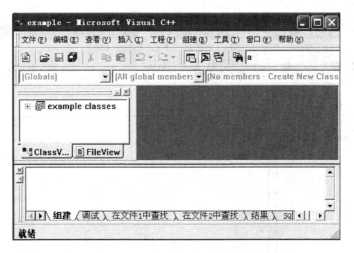

图 1.4　新建工程主界面

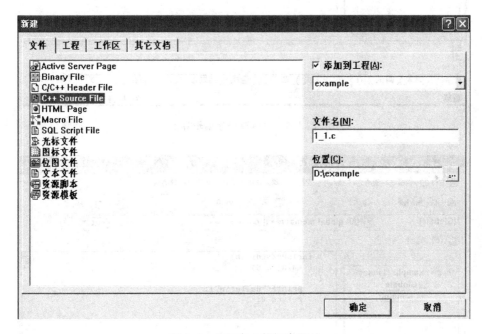

图 1.5　源程序文件新建界面

统会将文件默认为 C++ 源程序文件（扩展名为“.cpp”）。单击“确定”按钮,弹出如图 1.6 所示的界面。

（8）在右侧空白的程序编辑窗口中编写例 1.1 程序,如图 1.7 所示。

（9）编译源程序。在源程序编辑完成后选择“组建”菜单下的“编译”命令对源程序进行编译,如图 1.8 所示。

在编译过程中编译器检查源程序有无语法错误,并在下方输出窗口中显示编译信息。如果程序无语法错误,则生成目标文件 1_1.obj,如图 1.9 所示。该图中的“0 error(s), 0 warning(s)”表示程序无任何错误。如果有错,则需返回修改源程序。

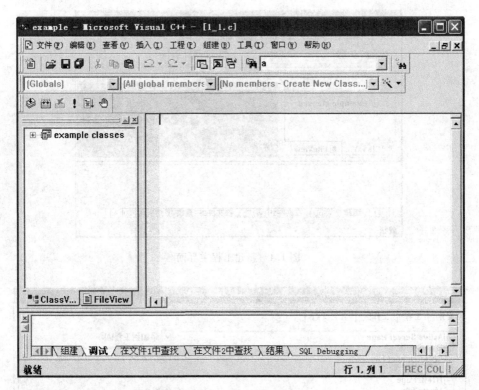

图 1.6 空白源程序编辑界面

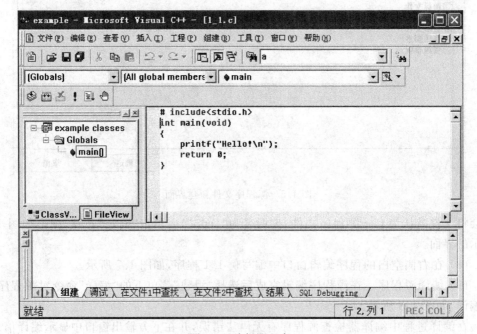

图 1.7 编辑源程序

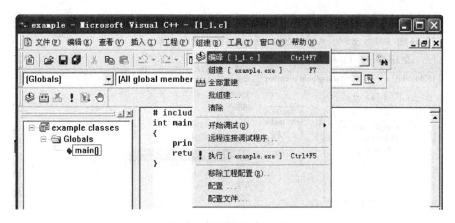

图 1.8　选择"编译"命令

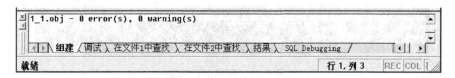

图 1.9　编译成功

（10）连接目标程序。在生成目标程序 1_1.obj 后还要把程序与系统提供的资源（如库函数、头文件等）连接起来，生成可执行文件才能执行。在主界面的"组建"菜单中选择"组建"命令，连接并生成可执行文件，如图 1.10 所示。

图 1.10　选择"组建"命令

（11）如果没有错误，在输出窗口中会显示连接信息，提示连接成功，生成"example.exe"可执行文件，如图 1.11 所示。如果有错，则需返回修改源程序。

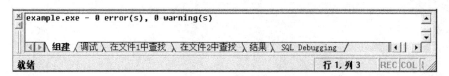

图 1.11　连接成功

（12）运行可执行文件。在生成"example.exe"后就可以运行该文件了，在主界面中选择"组建"菜单下的"执行"命令运行文件"example.exe"，如图 1.12 所示。

（13）程序运行后将自动弹出一个输出窗口，显示"Hello!"，如图 1.13 所示。

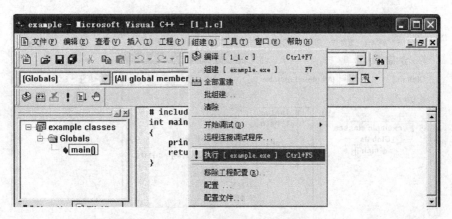

图 1.12   选择"执行"命令

图 1.13   程序运行结果

综上所述,在 Visual C++ 6.0 环境下 C 程序的上机步骤可以整理如下。

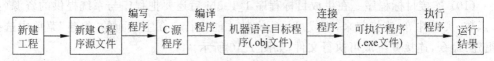

参考本节所述的 C 程序上机步骤,读者可以自行练习例 1.2 和例 1.3。

第 **2** 章

算　法

　　程序设计语言是人和计算机进行信息交换的工具,学习它的目的是希望编写出能够让计算机按人的要求去处理具体问题的程序。在编程时,编程人员首先要对具体问题进行分析,确定问题处理方法和步骤;然后选择某种程序语言,按照该语言的规则编写计算机能够执行的程序;最后计算机执行程序,完成问题处理工作。在这个过程中,处理问题的方法和步骤就是解决这一问题的"算法"。

2.1　算法的概念

　　算法是为了解决一个特定问题而采取的确定的、有限的、按照一定次序进行的、缺一不可的执行步骤。比如,老师按照身高给学生排队,这就是一个排序算法;从一组整数中选择最大值,这是一个求极值算法。日常生活中类似的算法应用还有很多,只是人们都习以为常,没有意识到算法的存在而已。

　　根据定义,算法应具备以下 5 种特性。

- 有穷性:包含有限的操作步骤。
- 确定性:算法中的每一个步骤都应当是确定的。
- 有零个或多个输入:输入是指在执行算法时需要从外界取得必要的信息。
- 有一个或多个输出:算法的目的是为了求解,"解"就是输出。
- 有效性:算法中的每一个步骤都应该能有效执行,并得到确定的结果。

　　好的算法是一个高质量程序的基础。著名的计算机学家沃思(Wirth)曾提出一个公式:

程序＝算法＋数据结构

　　这个公式可以这样理解:程序是在特定的数据表达方式的基础上对抽象算法的具体描述。在程序设计中,算法是程序的灵魂,数据结构是程序的加工对象。算法解决的是"做什么"和"怎么做"的问题。

为方便理解,下面在沃思公式的基础上以做菜为例对程序做一个不恰当的比喻。

程序 ＝ 数据结构 ＋ 算法 ＋ 语言工具

↓　　　　↓　　　↓　　　　↓

菜肴　　食材　不同菜系做法　厨具

对计算机而言,算法分为数值运算算法(方程求解、积分、微分等)和非数值运算算法(学生成绩管理、人事管理等)。

下面通过实例来说明算法设计和算法效率问题。

例 2.1　输出三个整数中的最大值,请给出具体算法。

问题分析:要输出三个整数中的最大值,首先对其中的两个数进行比较,确定一个较大数,之后将这个数与第三个数进行比较,再确定一个较大数,这个较大数就是三个整数中的最大值。

步骤 1:引入 4 个变量,a、b、c 分别对应三个整数,max 对应最大值。

步骤 2:输入三个整数。

步骤 3:将三个整数分别赋予 a、b、c。

步骤 4:比较 a 和 b,将较大的数赋给 max。

步骤 5:比较 c 和 max,将较大的数赋给 max。

步骤 6:输出 max。

需要注意的是,针对同一问题可以有多个解决算法,这就涉及算法效率问题。比如,1 到 100 的连加问题。

例 2.2　计算 $1+2+3+\cdots+100$。

问题分析:可以先求 $1+2$,得到结果 3 后再求 $3+3$,如此循环,连续做 99 次加法,最终求得结果 5050。

步骤 1:引入变量 SUM 对应计算结果。

步骤 2:SUM＝1＋2。

步骤 3:SUM＝SUM＋3。

……

步骤 100:SUM＝SUM＋100。

步骤 101:输出 SUM。

这样的算法可以得到正确的计算结果,但计算步骤过于烦琐。为了提高算法效率,可以引用著名数学家高斯的算法,具体步骤如下。

步骤 1:引入两个变量 SUM 和 TIMES 分别对应计算结果和计算次数。

步骤 2:SUM＝1＋100。

步骤 3:TIMES＝100/2。

步骤 4:SUM＝SUM * TIMES。

步骤 5:输出 SUM。

可以发现,这种基于等差数列的算法与之前的算法相比计算步骤更少、效率更高。

2.2　常见的算法描述方法

一个算法的描述可以有多种不同的方式,如自然语言、传统流程图、结构化流程图、伪代码、计算机语言等。

2.2.1　用自然语言表示算法

2.1 节的两个例子中所介绍的算法就是用自然语言表示的。自然语言就是人们日常使用的语言,如汉语、英语等。用自然语言表示算法人们更容易理解,但由于文字较多,表示的含义不够严格,容易出现歧义。

2.2.2　用传统流程图表示算法

1. 传统的流程图

流程图是算法的图形描述工具,它用一些几何图形来表示各种操作,直观形象、易于理解,是最常用的算法描述方法。ANSI 规定了一些常用的流程图符号,目前已被全世界的程序设计人员普遍使用,如图 2.1 所示。

(a) 起止框　　(b) 处理框　　(c) 判断框　　(d) 输入输出框　　(e) 流程线　　(f) 连接点

图 2.1　常用的流程图符号

- 起止框:表示程序的开始或停止。
- 处理框:表示算法的某个处理步骤。
- 判断框:表示对一个给定条件进行判断,根据给定条件成立与否执行下一步操作。
- 输入输出框:表示输入或输出操作。
- 流程线:带箭头的直线,用于表示程序执行的流向。
- 连接点:流程图间断处使用的连接符号,圈中可以标注一个字母或数字。同一个编号的点相互连接在一起,即编号相同的点是同一个点,只是受篇幅限制分开画。使用连接点可以避免流程图交叉或过长。

例 2.3　求 5!,用流程图表示。

算法分析:引入两个变量 t 和 i,t 为被乘数,i 为乘数,t 的初始值为 1,i 的初始值为 2,两者相乘,乘积赋予 t($t=1\times 2=2$),然后乘数 i 加 1,即 i 由 2 变为 3。继续对 t 和 i 做乘法,乘积赋予 t($t=2\times 3=6$),乘数 i 再加 1,即 i 由 3 变为 4。继续对 t 和 i 做乘法,乘积赋予 t($t=6\times 4=24$),乘数 i 再加 1,即 i 由 4 变为 5。继续对 t 和 i 做乘法,乘积赋予 t($t=24\times 5=120$),乘数 i 再加 1,此时 i 由 5 变为 6,不再满足循环条件,计算结束。

程序流程图如图 2.2 所示。

2．用流程图表示三种基本结构

1966 年，Bohra 和 Jacopini 提出了三种基本结构作为良好算法的基本单元。

1) 顺序结构

顺序结构是最简单的程序结构，如图 2.3 所示。A 和 B 是顺序执行的两个框，先执行 A 框的操作，再执行 B 框的操作。

2) 选择结构

选择结构也叫分支结构，如图 2.4 所示。该结构包含一个判断框，根据判断框中的给定条件 p 成立与否选择执行 A 框或 B 框。在 A 和 B 两个框中可以有一个是空的，即不执行任何操作。但需要注意的是，无论条件 p 成立与否，只能执行 A、B 两框的其中之一，不能既执行 A 又执行 B。

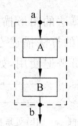

图 2.3　顺序结构

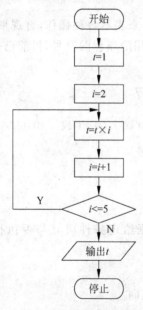

图 2.2　5!运算流程图

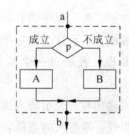

图 2.4　选择结构

3) 循环结构

循环结构也叫重复结构，即反复执行某一种操作。循环结构又可分为当型循环（while 型）和直到型循环（until 型），如图 2.5 所示。

(1) 当型（while 型）循环结构如图 2.5(a)所示。当给定条件 p_1 成立时执行 A 框操作，A 框执行完成后再判断条件 p_1 是否成立，若仍成立，则反复执行 A 框，直到某一次条件 p_1 不成立时不再执行 A 框，而是从 b 点向下退出循环结构，结束该循环。

(2) 直到型（until 型）循环结构如图 2.5(b)所示，先执行 A 框，然后判断给定条件 p_2 是否成立，若条件 p_2 不成立，则反复执行 A 框，直到给定条件 p_2 成立时不再执行 A 框，

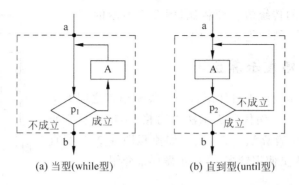

(a) 当型(while型)　　　　(b) 直到型(until型)

图 2.5　循环结构

而是从 b 点向下退出循环结构,结束该循环。

可以发现,三种基本结构有以下共同特点:

(1) 只有一个入口。

(2) 只有一个出口(注意:一个菱形判断框有两个出口,而一个选择结构只有一个出口,不要将菱形框的出口和选择结构的出口混淆)。

(3) 结构内的每一部分都有机会被执行。

(4) 结构内不存在"死循环"(无终止的循环)。

有研究表明,用三种基本结构组成的算法可以解决任何复杂问题。由三种基本结构组成的算法属于"结构化"算法,使用三种基本结构编写的程序是"结构化"程序,其优点很多,在后续会详细介绍。

2.2.3　用结构化流程图表示算法

1973 年,美国学者 I. Nassi 和 B. Shneiderman 提出了一种新的 N-S 结构化流程图:所有算法都写在一个矩形框内,不需要流程线,整个矩形框由若干个从属于它的基本框构成。与传统流程图相比,N-S 流程图废除了流程线,算法结构由各个基本结构按上下顺序组成,简单紧凑,非常适合结构化程序设计。可以用 N-S 图表示的算法都是结构化算法,流程图中的上下顺序就是算法执行时的顺序。

用 N-S 流程图表达的三种基本结构如图 2.6 所示。

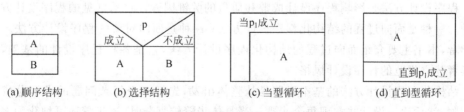

(a) 顺序结构　　(b) 选择结构　　(c) 当型循环　　(d) 直到型循环

图 2.6　三种基本结构的 N-S 流程图

例 2.4　用 N-S 流程图表示例 2.3。

5!的 N-S 流程图如图 2.7 所示。

与图 2.2 所示的传统流程图相比,图 2.7 所示的 N-S 流程图更简单、更紧凑,结构化特点更明显。

图 2.7   5!的 N-S 流程图

2.2.4   用伪代码表示算法

伪代码表示法是用介于自然语言与计算机语言之间的文字和符号来描述算法。伪代码表示法书写格式自由,易于修改,便于向计算机语言算法过渡,但不如流程图或 N-S 图直观,一般软件专业人员使用较多,这里不做详细介绍。

2.2.5   用计算机语言表示算法

前面介绍了算法设计中常用的几种算法表达形式,但在具体的计算机应用中算法的实现仍需利用计算机语言将其转化成能够执行的程序,即用计算机语言表示算法。

用计算机语言表示算法必须遵循该语言的规则,下面以 C 语言为例表示例 2.3 的算法。

例 2.5   用 C 语言实现 5!。

```
#include<stdio.h>
int main(void)
{
    int i, t;                       /*定义变量 i 和 t*/
    t=1;                            /*分别给变量 i 和 t 赋初值*/
    i=2;
    while(i<=5)                     /*如果 i 小于等于 5,执行此循环*/
    {
        t=t*i;                      /*变量 t 和 i 相乘,计算结果赋给 t*/
        i=i+1;                      /*变量 i 加 1*/
    }
    printf("%d\n",t);               /*输出 5!的计算结果 t*/
    return 0;
}
```

2.3   结构化程序设计方法

程序设计方法是影响程序设计成败和质量的关键因素。目前常见的程序设计方法有两种。一种是面向过程的结构化程序设计方法;一种是面向对象的程序设计方法。针对初学者,本书主要介绍面向过程的结构化程序设计方法,它是各种程序设计的基础,有助于读者建立规范的程序设计风格。

结构化程序设计方法的基本思路是从整体出发,先把一个复杂问题的求解分成若干个步骤,然后逐一设计并实现每个步骤。当具体步骤较复杂时,该步骤还可细化为多个更小的步骤,直至问题解决。

从形式上来说,结构化程序设计方法是一种自顶而下、逐步细化的模块化设计方法,如图 2.8 所示。

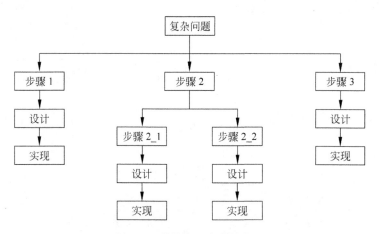

图 2.8　结构化程序设计方法

结构化程序设计方法有以下优点：

（1）结构化程序更容易编写，将复杂问题细分为多个更小的任务，利用编程完成每一个任务即可解决复杂问题。

（2）结构化程序调试更容易，如果程序调试出现问题，结构化程序设计可以将问题范围缩小至某一模块（代码段）。

（3）结构化程序设计节省时间，如果用户编写了一个执行特定任务的程序，那么每次需要执行该任务时直接调用该程序即可，无须重复编程。

（4）结构化程序结构更规范、更清晰，方便程序的维护。

CHAPTER 3

第3章 数据类型、运算符和表达式

根据所执行任务的不同,C 语言程序经常要用到各种类型的数据,如整数、实数、字符等。不同类型的数据作为 C 语言程序的基本组成部分都是以特定的形式存储在计算机内存中的,其所占的存储空间和运算性质也不尽相同。

为方便理解数据类型的概念,这里需要先简单介绍一下计算机内存的相关知识。

计算机内存是依次逐字节排列的,一个字节(Byte,简写为 B)包含 8 位(Bit)。C 语言程序在经过编译器的编译、连接之后最终会以二进制序列的形式存储在计算机内存当中,如图 3.1 所示。

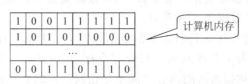

图 3.1 C 程序在内存中的存储示意图

可以看到,在图 3.1 中 C 语言程序是按照内存的结构逐字节存储的,因此 C 语言的基本存储单位是字节。图 3.1 中的每一个小方格都代表计算机内存中的一个最小存储单位——"位(Bit)"。每一位能且仅能存储一个二进制数,即"1"或"0"。在计算机中,一般用高电平代表二进制数"1",用低电平代表二进制数"0"。

为方便用 C 语言程序对计算机内存进行数据的读写,计算机对内存进行了逐字节编址,即以字节(B)为单位,计算机内存中的第一个字节的地址是 0,之后计算机内存地址按字节递增 1,直至内存的最后一个字节。需要注意的是,计算机内存地址都是从 0 开始,但内存地址的最大值由计算机内存容量决定(不同的计算机,内存容量可能不同)。

计算机内存地址的作用有点类似于教室的房间号,学生可以通过教室的房间号找到上课教室。同样,C 语言程序可以通过内存地址找到存储在该内存单元的数据。

除了字节(B)和位(Bit)之外,常见的内存计量单位还有字(Word,简写为 W)、千字节(KB,简写为 K)、兆字节(MB,简写为 M)、千兆字节或吉字节(GB,简写为 G)、太字节(1TB,简写为 T)等。各种单位的换算关系如下：

1B＝8Bit；

1W＝4B＝32Bit；

$1KB＝2^{10}B＝1024B$；

$1MB＝2^{20}B＝1024KB$；

$1GB＝2^{30}B＝1024MB$；

$1TB＝2^{40}B＝1024GB$。

一个汉字一般占两个字节,假设硬盘有 500GB 的存储空间,那么可以存储的汉字个数 x 是多少呢? $x＝500×1024×1024×1024÷2＝268\ 435\ 456\ 000$ 个。

3.1 数据类型

按照数据结构中的定义,数据类型是指一个值的集合以及定义在这个值集上的一组操作。在 C 语言中,一个值的数据类型决定了这个值在计算机中的存储形式以及允许对这个值进行的操作种类。这里,以 VC++ 6.0 开发环境为例(不同的开发环境,相同数据类型的存储空间可能不同),一个整型数据(int 型)占 4 个字节的存储空间,允许对其进行加、减、乘、除、取余等运算;一个双精度浮点型数据(double 型)占 8 个字节的存储空间,允许对其进行加、减、乘、除运算,不允许进行取余运算。

为方便理解数据类型的必要性,抛开数据类型允许的操作不提,只考虑其存储情况,读者就可以明白数据类型的重要。

因为 C 语言程序运行时需要的数据都以字节为单位存储在内存中,而计算机的内存是有限的,所以为了有效地利用和管理内存,系统必须根据数据的类型给它分配内存单元,即不同类型数据所占的内存空间不尽相同。这就好比归纳物品时为节约空间,大的物品要放到大盒子里,小的物品要放到小盒子里一样。

C 语言中常见的数据类型如图 3.2 所示。

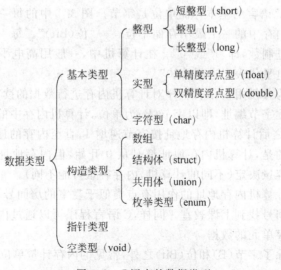

图 3.2 C 语言的数据类型

如图 3.2 所示，C 语言中常见的数据类型有以下 4 种。

（1）基本类型：最基础的简单数据类型，其值无法再分解为其他类型。

（2）构造类型：顾名思义是根据已定义的一个或多个数据类型用构造的方法来定义。构造数据类型是由多个其他数据类型组合而成的，所以一个构造类型的值可以分解成若干个"成员"或"元素"，其中每个成员要么是基本数据类型，要么是又一个构造类型。

（3）指针类型：C 语言中比较重要、比较难理解的内容，在后面会详细讲解。

（4）空类型：表示没有类型，常与函数、指针等相关内容结合使用。

3.2　常量与变量

按照取值是否可变，基本数据类型有常量和变量两种形式。

在程序执行过程中其值不变的量称为常量，其值可变的量称为变量。

常量和变量一般要与数据类型结合使用，如整型常量、整型变量、实型常量、实型变量、字符常量、字符变量等。

在程序中常量是可以不经说明而直接引用的。

变量必须先定义后使用。

例如：

```
int a;                          / * 定义了一个整型变量 a * /
a＝5;                           / * 将整型常量 5 赋给整型变量 a * /
```

在上例中，整型常量 5 不用说明可以直接引用，整型变量 a 必须先定义再使用。如果对变量 a 不加说明直接使用，则程序编译时会报错，因为系统不知道 a 是什么。

3.2.1　标识符

标识符在 C 语言中的作用与人的姓名类似，是用来标识变量名、符号常量名、函数名、数组名、类型名、文件名的有效字符序列。

C 语言规定标识符只能由字母、数字和下画线三种字符组成，且第一个字符必须为字母或下画线。

C 语言对标识符有以下分类。

（1）关键字：C 语言已经预先定义了一批标识符，它们在程序中都代表着固定的含义，不能另作他用，这些标识符称为关键字，如用来说明变量类型的关键字 int、double、char 及 if 语句中的 if、else 等，它们作为 C 语言的关键字不能再用作变量名或函数名，否则程序编译时会报错。

（2）预定义标识符：指在 C 语言中预先定义并具有特定含义的标识符，如 C 语言提供的库函数名称（printf、scanf 等）和预编译处理命令（define、include 等）。C 语言允许把这类标识符重新定义另作他用，但这将使这些标识符失去预先定义的原意，因此为避免误解，建议用户不要把这些预定义标识符另作他用。

（3）用户标识符：由用户根据需要自定义的标识符称为用户标识符，又称自定义标识符。例如：

```
a、sum、_pointer、Array123、point_a1;        /* 合法自定义标识符 */
1b、string.a、#89、total-a、int.             /* 非法自定义标识符 */
```

在使用自定义标识符时有以下几点需要注意：

（1）C语言区分大小写，同一字母的大写字母和小写字母对C编译器而言是两个不同的字符。为了与日常习惯保持一致，增加程序的可读性，变量名一般用小写字母表示。

（2）ANSIC未规定标识符的长度，但为了提高程序的可移植性和阅读方便，变量名不宜过长（不同的编译器有自己的规定，一般不超过32个字符）。

（3）如果用户标识符与关键字相同，则程序编译时系统报错。如果用户标识符与预定义标识符相同，系统不报错，只是预定义标识符将失去原定含义，代之以用户确认的含义，这可能会引发一些程序运行错误。

（4）在自定义标识符时要尽量做到"见名知意"，建议优先使用有含义的英文单词或缩写作为标识符。

3.2.2 常量和符号常量

常量作为数据的一种，从字面形式上即可判别，因此也叫字面常量。常量也分数据类型，如整型常量、实型常量、字符常量和字符串常量等。

例如：

整型常量：-3、0、3；

实型常量：-0.33、4.56；

字符常量：'a' 'b' 'c' 'd'；

字符串常量："aBcdEfg" "Hello"。

除以上形式外，在C语言中还允许用一个标识符来表示一个常量，称为符号常量。

符号常量在使用之前必须先定义，其定义格式如下：

```
#define 标识符   常量
```

其中，define是一条预处理命令（以"#"开头），称为宏定义命令（第6章将详细介绍），其功能是用标识符表示后面的常量。

例如：

#define PI 3.14

在符号常量PI定义后，程序中出现的所有PI都表示常量3.14。为方便与变量标识符区分，符号常量的标识符习惯使用大写字母，变量标识符使用小写字母。

在使用符号常量时一定要注意符号常量与字符常量、字符串常量的区别。

例如：

```
#define PI 3.14                  /* PI为符号常量,代表3.14 */
printf("PI");                    /* "PI"为字符串常量,表示一串字符 */
```

例 3.1　符号常量的使用,计算半径为 2 的圆的面积。

程序如下:

```
# define PI 3.14                    /* 定义符号常量 PI,代表 3.14 */
# include < stdio. h >
int main(void)
{
    int r=2;                        /* 定义 int 型变量 r,表示圆的半径 */
    float area;                     /* 定义 float 型变量 area,表示圆的面积 */
    area=PI * r * r;                /* 计算圆面积 */
    printf("半径为 2 的圆面积为:\n%f\n;      /* 输出圆面积 */
    return 0;
}
```

程序运行结果如下:

```
半径为2的圆面积为:
12.560000
```

程序第 1 行用宏定义 # define 定义了符号常量 PI,用于代表常量 3.14(圆周率 π),之后本程序中出现的 PI 都表示常量 3.14,它可以像常量一样直接参与运算。

使用符号常量的优点及注意事项如下:

(1) 含义清楚,见名知意。如例 3.1 的程序中一看 PI 就可以知道它代表圆周率 π。

(2) 一改全改,在需要改变某个常量时只需修改其对应的符号常量,程序中所有用到它的地方也就做了相应修改。在例 3.1 中,如果需要改变圆周率 π(由 3.14 变为 3.141 592 6),使计算结果更精确,只需修改符号常量的定义即可。

```
# define PI 3.1415926              /* 修改符号常量的定义,将 π 改为 3.1415926 */
```

(3) 符号常量与变量不同,符号常量一经定义就不能再对其进行赋值操作。

例如:

```
# define PI 3.1415
PI=5;                              /* 错误,符号常量不可赋值 */
```

3.2.3　变量

顾名思义,变量就是可以改变的量。在程序运行期间,变量的值是可以改变的。

变量存储于内存当中,因此变量其实就是内存中的一个具有特定属性的存储单元,用于存放数据,而这个数据就是变量的值。

在 C 语言中,所有的变量都必须“先定义,后使用”。

在定义变量时需要给变量指定一个名称(变量名),以便程序引用该变量。此外,变量的定义还要指定变量的数据类型,明确所定义的变量用于存储什么类型的数据。

例如:

```
int x;                             /* 基本整型变量的定义 */
```

上述语句定义了一个变量,变量名为 x,变量的数据类型是基本整型(int 型),这说明

变量 x 对应的内存单元可存储 int 型数据。

若假设 x 的值为 1,则变量 x 的存储情况如图 3.3 所示。

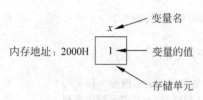

图 3.3　变量存储示意图

如图 3.3 所示,x 是变量名,1 是变量的值,2000H 是该变量对应的存储单元在内存中的地址(H 表示 2000 是十六进制数。内存地址常用十六进制或十进制表示)。

C 编译器在对 C 程序进行编译、连接时会给每一个变量都分配一个内存单元,用于存储变量的值,而这个内存单元的地址就是变量名。这样,从变量中取值的过程实际上就是通过变量名得到内存地址,并从该内存单元读取数据的过程。

简单来说,变量名其实就是以一个名字代表一个内存地址。因此,对程序而言,变量名就是该变量在内存中的地址。程序通过变量名可以在内存中找到并引用该变量的值。

变量的定义一般放在函数体的开头部分。通过变量定义(也叫变量声明)编译器就建立了变量符号表。在此之后,程序会用到哪些变量,每个变量在哪里,它们都是什么数据类型,编译器就都掌握了。如果某个变量未定义就使用,编译器就无法了解该变量的信息,在程序编译时会报错。

对于变量的使用有以下几点需要注意:

(1) 变量在定义时必须指定数据类型,以便编译器为其分配适合的存储空间。以 VC++ 6.0 为例,int 型数据占 4 个字节的内存,char 型数据占一个字节的内存,float 型数据占 4 个字节的内存,double 型数据占 8 个字节的内存。

(2) 不同数据类型的变量,其运算性质是不同的。例如,C 语言允许对整数进行取余运算,如果 x 和 y 都是整型变量,则"$x \% y$"是正确的;如果 x 和 y 都是或其中之一是实型变量,则"$x \% y$"是错误的,程序在编译时会报错。

(3) 对于未定义的变量,编译器无法识别。

(4) 变量名和变量的值是不同的概念。

例如:

```
int x;
x=10;
```

在上述语句中,x 是变量名,10 是变量值,是保存在变量中的数据。

3.3　C 语言的常用数据类型

3.3.1　整型数据

1. 整型常量

整型常量就是整常数,包括正整数、负整数和 0。正整数可以在前面加"+",也可以不加。负整数要在前面加"—"。

在 C 语言中,整型常量可以用八进制、十六进制和十进制三种形式表示。为方便识别,C 语言对整型常量做了以下分类。

(1) 十进制整型常量:无前缀,数码取值为 0～9。

例如:

| 237、—568、65535、1627; | /＊正确的十进制整型常量表示＊/ |
| 023、23D. | /＊错误的十进制整型常量表示＊/ |

(2) 八进制整型常量:必须以"0"开头,即以"0"作为八进制数的前缀,数码取值为 0～7。八进制数通常是无符号数。

例如:

| 015、0101、0177777; | /＊正确的八进制整型常量表示＊/ |
| 256、03A2、—0127. | /＊错误的八进制整型常量表示＊/ |

(3) 十六进制整型常量:前缀为"0X"或"0x",数码取值为 0～9、A～F 或 a～f。

例如:

| 0X2A、0XA0、0XFFFF; | /＊正确的十六进制整型常量表示＊/ |
| 5A、0X3H. | /＊错误的十六进制整型常量表示＊/ |

C 语言程序是根据前缀来区分进制的,因此用户在书写常数时不要把前缀弄错,以免结果不正确。

2. 整型变量

根据在内存中所占存储空间的不同,整型变量可分为基本整型、短整型、长整型和无符号型。其中,无符号整型变量只能存放不带符号的正整数,不能存放负数。无符号整型变量又可分为无符号基本整型、无符号短整型和无符号长整型。

各种整型变量的类型符号、所占存储空间、取值范围以及可表示的数据个数如表 3.1 所示(以 VC++ 6.0 为例)。

表 3.1　整型变量分类情况表

数据类型	类型符号	所占字节数(位数)	取值范围	可表示的数据个数
基本整型	int	4(32)	—2 147 483 648～2 147 483 647,即(-2^{31})～($2^{31}-1$)	$2^{32}=4\ 294\ 967\ 296=1\text{GB}$
短整型	short	2(16)	—32 768～32 767,即(-2^{15})～($2^{15}-1$)	$2^{16}=65\ 536$
长整型	long [int]	4(32)	—2 147 483 648～2 147 483 647,即(-2^{31})～($2^{31}-1$)	$2^{32}=4\ 294\ 967\ 296=1\text{GB}$
无符号基本整型	unsigned[int]	4(32)	0～4 294 967 295	$2^{32}=4\ 294\ 967\ 296=1\text{GB}$

数据类型	类型符号	所占字节数（位数）	取值范围	可表示的数据个数
无符号短整型	unsigned short [int]	2(16)	0~65 535	$2^{16}=65\ 536$
无符号长整型	unsigned long [int]	4(32)	0~4 294 967 295	$2^{32}=4\ 294\ 967\ 296=1GB$

在表 3.1 中,用中括号"[]"括起来的内容表示可以省略,即 long int 可简写为 long,unsigned int 可简写为 unsigned,unsigned short int 可简写为 unsigned short,unsigned lont int 可简写为 unsigned long。

整型变量的一般定义格式如下：

类型说明符　变量名；

其中,类型说明符用于说明整型变量的具体类型,后面跟变量名,如果同时定义多个变量,则多个变量名之间需要用","隔开。

例 3.2　整型变量定义示例。

```
int x, y, z;                    / * 定义基本整型变量 x、y、z * /
short a;                        / * 定义短整型变量 a * /
long b;                         / * 定义长整型变量 b * /
unsigned c;                     / * 定义无符号基本整型变量 c * /
unsigned short d;               / * 定义无符号短整型变量 d * /
unsigned long e;                / * 定义无符号长整型变量 e * /
```

例 3.3　整型变量的使用。

程序如下：

```
# include < stdio. h >
int main(void)
{
    int a,b,sum;                / * 定义基本整型变量 a、b、sum * /
    unsigned c;                 / * 定义无符号基本整型变量 c * /
    a=3;                        / * 分别给 a、b、c 赋值 * /
    b=-4;
    c=5;
    sum=a+b+c;                  / * 对 a、b、c 三值求和,并赋给变量 sum * /
    printf("a、b、c 之和为：\n%d\n",sum);   / * 输出计算结果 * /
    return 0;
}
```

程序运行结果如下：

```
a、b、c 之和为：
4
```

在使用整型变量和整数变量时有以下几点需要注意：

(1) 整型常量后面可以加后缀，以表示常量的数据类型，如 235L 或 2351，表示常量 235 为长整型数据；345U 或 345u，表示 345 为无符号型数据。

(2) 给一个整型变量赋的值不应超过该整型变量规定的取值范围，否则会溢出。

例如：

```
short x;                    /* 定义一个短整型变量 x */
x=66656;                    /* 非法,数据溢出,短整型取值范围为-32 768～
                               32 767 */
```

(3) 整型数据在内存中是以补码形式表示的，一个正整数的补码和它的原码（即该数的二进制表达形式）相同。一个负整数的补码是将该数的绝对值的二进制形式按位取反再加 1。在整型数据的存储单元中，最左边的一位（最高位）是符号位，"0"表示正、"1"表示负。

例如：

符号位															

5 的补码:	0	0	0	0	0	0	0	0	0	0	0	0	0	1	0	1
−5 的补码:	1	1	1	1	1	1	1	1	1	1	1	1	1	0	1	1

(4) 无符号整型数据没有符号位，它的存储单元的最高位也用于存储数据。

3.3.2 实型数据

在 C 语言中只使用十进制的实型数据（实数），也叫浮点型数据。

在 C 语言中浮点型数据有以下两种表示形式。

- 小数形式：如 0.0、27.0、5.89、4.13、−5.2、300.、−267.8230 等。在使用这种方式表示浮点型数据时可以没有整数部分或小数部分，但必须有小数点，如 1.25、1.0、.14、3. 都是正确形式。

- 指数形式：即利用科学记数法表示实数，如 3.65e3 表示 $3.65×10^3$（即 3650），−1.35e−2 表示 $−1.35×10^{−2}$（即 −0.0135）。在使用这种方式表示浮点型数据时 e（或 E）之前必须有数字，且 e（或 E）后面的指数必须为整数，不能写成 e3 或 1e.5 等形式。

整数在计算机中的存储比较简单，而浮点型数据在计算机中的存储却相对麻烦。在计算机中，浮点型数据都是以指数形式存储在内存中的。

以实数 1.234 56 为例，其在内存中的存储情况如下。

+	.123 456	1
符号位	小数部分	指数

$$+ \quad .123\,456 \quad ×10^1 \qquad 即\ 1.234\,56$$

为方便读者理解,这里使用十进制数描述了浮点型数据在内存中的存储情况,而在实际的计算机中小数部分是用二进制数表示的,指数部分是用2的幂次表示的。

对浮点型数据的存储而言,C语言的标准并未规定,小数部分应占多少位,指数部分应占多少位,不同编译环境的规定可能不同。但在大多数的编译环境中,小数部分(包括符号位)占24位,指数部分占8位。小数部分占的位数越多,实数的有效数字越多,精度越高。指数部分占的位数越多,实数的取值范围就越大。

1. 浮点型变量

C语言中的浮点型变量可分为单精度(float型)、双精度(double型)和长双精度(long double型)。

浮点型数据所占的字节数、有效数字和取值范围在不同的编译环境中可能不同。在多数编译环境中,单精度浮点型数据占4个字节,有效数字为7位,取值范围为$-3.4 \times 10^{38} \sim 3.4 \times 10^{38}$;双精度浮点型数据占8个字节,有效数字为16位,取值范围为$-1.7 \times 10^{308} \sim 1.7 \times 10^{308}$;长双精度浮点型数据所占的字节数可能是8字节、10字节、12字节或16字节,有效数字从15到19位不等,取值范围为$-1.2 \times 10^{4932} \sim 1.2 \times 10^{4932}$。由于long double型数据很少应用,故不做详述。

例如:

```
float x;                        /* 定义单精度浮点型变量 x */
double y;                       /* 定义双精度浮点型变量 y */
```

需要注意,因为浮点型变量是由有限的存储单元组成的,所以它能提供的有效数字是有限的。在计算时,有效位以外的数字将被舍去,这可能会产生一些计算上的误差,即舍入误差。

2. 浮点型常量

在C语言中,系统一般将浮点型常量按双精度浮点数处理。

例3.4 浮点型数据的舍入误差示例。

程序如下:

```
#include<stdio.h>
int main(void)
{
    float x;                        /* 定义单精度变量 x */
    double y;                       /* 定义双精度变量 y */
    x=1.234*3.23456;                /* 将两个浮点型常量的乘积赋给 x */
    y=1.234*3.23456;                /* 将同样的乘积赋给 y */
    printf("x=%f\ny=%.10f\n",x,y);  /* 分别输出 x 和 y */
    return 0;
}
```

程序运行结果如下:

```
x=3.991447
y=3.9914470400
```

在上例中,系统先把两个浮点型常量 1.234 和 3.23456 当成双精度浮点数相乘,乘积 (3.99144704)也是一个双精度浮点数,然后将乘积分别赋给变量 x 和 y。由于单精度变量只能接收 7 位有效数字,所以系统从乘积中取 7 位有效数字(3.991 447)赋给变量 x,乘积的最后两位"04"被舍去,导致舍入误差。而 y 是双精度变量,可接收的有效数字为 16 位,所以 y 可以接收整个乘积(3.991 447 04)。

需要注意,浮点型常量按双精度浮点数处理虽然精度高,但运算速度较慢。为了提高运算速度,可以在浮点型常量后面加后缀 f 或 F,此时系统会将其当成单精度浮点数处理。

例如:

```
x=1.234f * 3.23456f;                    /* 将两个单精度浮点型常量的乘积赋给变量 x */
```

3.3.3 字符型数据

1. 字符常量

在 C 语言中,字符常量是指用单引号括起来的一个字符。凡是键盘可以正常输入的字符均可作为字符常量,如'a' 'b' '+' '=' '?' '0'等。如果没有单引号'',系统会将其当成变量或其他有名字的对象。

在 C 语言中字符常量有以下特点:

(1)字符常量只能用单引号括起来,不能用双引号或其他括号,例如'a'是字符常量,而"a"是一个字符串(后面会介绍)。

(2)字符常量只能是单个字符,如'abc'是非法的。

(3)字符可以是字符集中的任意字符。

(4)数字被定义为字符型之后不宜参与算术运算,否则其运算结果和预期结果会截然不同,如'6'是字符常量,它如果参与算术运算('6'+6),其结果不是 12 而是 60,因为'6'在进行加法运算时使用的值是它的 ASCII 码值 54,所以('6'+6)相当于 54+6,详见例 3.5。

(5)大写字母和小写字母代表不同的字符常量,如'A'和'a'是不同的字符常量。

(6)单引号中的空格也是一个字符常量,但不能写成''(中间没有空格)的形式。

(7)字符常量在内存中占一个字节,存放的是字符的 ASCII 码值。在 C 语言中,所有的字符型常量(变量)和整型常量(变量)是通用的,其 ASCII 码值就是对应的整数值。

例 3.5 字符型常量和整型常量示例。

程序如下:

```
#include<stdio.h>
int main(void)
{
    char x, y;                          /* 定义两个字符型变量 x 和 y */
    int z;                              /* 定义 int 型变量 z */
    x='M';                              /* 分别给 x 和 y 赋值 */
    y='m';
    z='6'+6;
    printf("x=%c, y=%c\n", x, y);       /* 以字符形式输出 x 和 y */
```

```
printf("x=%d,y=%d\n",x,y);        /*以整数形式输出 x 和 y*/
printf("z=%c\n",z);               /*以字符形式输出 z*/
printf("x=%d\n",z);               /*以整数形式输出 z*/
return 0;
}
```

程序运行结果如下：

在上例中,程序第 6 行和第 7 行分别给字符型变量 x 和 y 赋值为'M'和'm',因为字符型数据和整型数据是通用的,所以字符型数据也可以进行算术运算,参与运算的操作数为字符型数据的 ASCII 码值。

程序第 8 行将'6'+6 的和赋给了变量 z,在这个加法运算中,第 1 个操作数是字符'6'的 ASCII 码值 54,第 2 个操作数是整型常量 6,两者之和为 60。

程序第 9 行以字符形式输出了变量 x 和 y 的值。

程序第 10 行以整数形式输出了变量 x 和 y 的值,其值为对应的字符型数据'M'和'm'的 ASCII 码值。同一个字母(仅限 26 个英文字母)的小写形式的 ASCII 码值比大写形式的 ASCII 码值大 32。

程序第 11 行以字符形式输出的变量 z 是字符'<',其 ASCII 码值为 60。

程序第 12 行以整数形式输出的是变量 z 的 ASCII 码值 60。

2. 转义字符

除了上述普通的字符常量之外,C 语言还允许使用转义字符。转义字符是一种特殊形式的字符常量,是以反斜线"\"开头的字符序列,如\n、\t、\f 等。

转义字符具有特定的含义,主要用来表示用一般字符不便于表示的控制代码,如表 3.2 所示。

表 3.2　C 语言常用的转义字符及其含义

转义字符	含　　义	ASCII 码值
\n	按回车键换行	10
\t	水平制表(横向跳到下一制表位置)	9
\v	竖向制表(竖向跳到下一制表位置)	9
\b	退格	8
\r	按回车键	13
\f	走纸换页	12
\\	代表一个反斜杠字符	92
\'	代表一个单引号字符	39
\"	代表一个双引号字符	34
\0	代表空字符(NULL)	0
\ddd	1~3 位八进制数代表的字符	
\xdd	1~2 位十六进制数代表的字符	

在使用转义字符时需要注意以下几点：

（1）转义字符是常量，只能用小写字母表示，且每个转义字符只代表一个字符，如'\n' '\101'只代表一个字符。

（2）反斜线后的八进制数可以不用 0 开头，如'\101'。

（3）反斜线后的十六进制数只可由小写字母 x 开头，不允许用大写字母 X，也不能用 0x 开头，如'\x41'。

（4）C 语言中的任何一个字符均可用转义字符来表示，表 3.2 中的\ddd 和\xhh 就是为此提出的。比如'\101'表示的是 ASCII 码值为八进制数 101 的字符，因为八进制数 101 对应十进制数 65，因此'\101'相当于 ASCII 码值为 65 的字符'A'，即'\101'与'A'等价。再如'\x41'表示的是 ASCII 码值为十六进制数 41 的字符，因为十六进制数 41 对应的十进制数也是 65，所以'\x41'也相当于 ASCII 码值为 65 的字符'A'，即'\x41'也与'A'等价。换而言之，'\101' '\x41' 'A'三者等价。

（5）部分转义字符操作的屏幕显示结果和打印机显示结果不同，如\v 和\f 对屏幕无影响，而打印机则会执行相应操作。

3. 字符串常量

C 语言允许使用字符串常量。字符串常量是由双引号括起来的一串字符，如"Hello!" "My name is Henry!" "a" "3.15"等。

在字符串常量的双引号中允许插入任何转义字符，如"I am \097 boy.\n" "\\abc"等。

例 3.6 输出字符串常量。

程序如下：

```
# include<stdio.h>
int main(void)
{
    printf("I am a boy!\n");        /*字符串中包含转义字符\n*/
    printf("I am \141 boy!\n");     /*字符串中包含转义字符\141 和\n*/
    printf("I am \x61 boy!\n");     /*字符串中包含转义字符\x61 和\n*/
    return 0;
}
```

程序运行结果如下：

上述程序包含三个字符串输出语句。每个语句的内容都不同，但输出结果相同，请读者自行分析原因。

C 语言规定以字符'\0'作为字符串常量的结束标志，即系统会在每个字符串的最后自动加入一个字符'\0'作为字符串的结束标志。

这里以字符串"Welcome"为例，它在内存中的存储情况如下。

W	e	l	c	o	m	e	\0

因此,字符常量和字符串常量是不同的,两者主要存在以下不同:

（1）表达形式不同,字符常量用单引号括起来,而字符串常量用双引号括起来,如'a'是字符常量,而"a"是字符串常量。

（2）存储长度不同,字符常量固定占用一个字节的存储空间,而字符串常量占用的字节数为字符串中的字符个数加 1。如上例中,字符串常量"Welcome"有 7 个字符,但是它占用 8 个字节的存储空间,因为最后一个字节要用于存储字符串结束标志"\0"。

（3）单纯的一对双引号" "也是一个字符串常量,称为空串,它也要用一个字节的存储空间存放字符串结束标志'\0'。

（4）可以把一个字符常量赋给一个字符变量,但不能把一个字符串常量赋给一个字符变量。在 C 语言中没有字符串变量的概念,这和 BASIC 语言是不同的。C 语言是用字符数组来存放字符串常量的,这部分内容将在第 5 章中详细介绍。

4. 字符变量

字符变量用于存储字符常量,能且仅能存放一个字符。

字符变量的类型说明符是"char",字符变量的定义格式和书写规则与整型、浮点型变量相同。

例如:

```
char x, y;              /* 定义字符变量 x 和 y */
x='a';                  /* 给字符变量 x 赋值 */
y='A';                  /* 给字符变量 y 赋值 */
```

上述语句定义了字符变量 x 和 y 并进行了赋值。变量 x 和 y 能且仅能存放一个字符。变量 x 被赋予'a',其值为字符'a'的 ASCII 码值;变量 y 被赋予'A',其值为字符'A'的 ASCII 码值。

前面说过,在 C 语言中字符型数据和整型数据是通用的,字符变量可以进行任何整型变量允许的运算。在编程时可以给整型变量赋字符值,也可以给字符变量赋整型值（ASCII 码值）。在变量输出时可以把字符变量当成整型数据输出,输出字符的 ASCII 码值,也可以把整型值（ASCII 码值）当成字符数据输出,输出该 ASCII 码值对应的字符,见下例。

例 3.7　字符变量示例。

程序如下:

```
#include<stdio.h>
int main(void)
{
    char x,y,z;          /* 定义三个字符型变量 x、y、z */
    x='A';               /* 将字符常量 A 赋给变量 x */
    y=x+32;              /* 计算 x+32 的结果并将其赋给字符变量 y */
    z=65;                /* 将十进制数 65 赋给字符变量 z */
    printf("x=%c,y=%c,z=%c\n",x,y,z);    /* 以字符形式输出 x、y 和 z */
    return 0;
}
```

程序运行结果如下：

`x=A,y=a,z=A`

请读者结合前面的内容认真分析程序，思考程序的运行结果。

3.3.4　为变量赋初值

在 C 语言中有时需要给一些变量赋初值，C 语言允许在定义变量的同时为其赋初值。
例如：

```
int x=5, y=6;          /* 定义基本整型变量 x 和 y,并分别给它们赋初值 5 和 6 */
float m=3.0;           /* 定义单精度变量 m,初值为 3.0 */
char ch1='A';          /* 定义字符变量 ch1,初值为'A' */
```

C 语言允许为定义的一部分变量赋初值。

例如：

```
int x, y, z=3;         /* 定义基本整型变量 x、y 和 z,但仅对 z 赋初值 3 */
```

如果想把一个数同时赋给多个变量，应写成以下形式：

```
int x=1, y=1, z=1;     /* 将变量 x、y、z 的初值均赋为 1 */
```

注意，上述语句绝不能写成以下形式：

```
int x=y=z=1;           /* 非法 */
```

需要说明的是，给变量赋初值的操作不是在程序编译阶段完成的，而是在程序运行阶段完成的，即在程序编译时编译器知道整型变量 x 的存在，但此时变量 x 没有变量值。变量 x 的初值是在程序运行时赋予的。

例如：

```
int x=1;
```

其实相当于：

```
int x;
x=1;
```

3.4　不同数据类型间的转换

3.4.1　混合运算中的数据类型转换

C 语言允许整型、单精度型、双精度型和字符型数据进行混合运算。

当不同类型的数据进行混合运算时，需要先按照一定的顺序（如图 3.4 所示）将不同类型的数据转换成同一种类型的数据，然后再进行运算。

具体的数据转换工作由编译器自动完成，转化规则如下：

(1) 混合运算时首先进行水平方向的转换，这种水平方向的转换是必须进行的，如

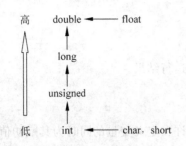

图 3.4   不同数据类型混合运算时的转换顺序

图 3.4所示,char 和 int 处于同一水平。如果两个 char(short)变量想进行运算,必须先转换成 int 型的变量,然后再运算。同理,float 型数据的运算也要先转换成 double 型数据再运算。

(2) 在进行水平方向的转换后,若仍存在不同类型数据,则按照垂直方向由低到高继续转换,直至所有数据类型一致。例如,int 型数据和 double 型数据进行运算,需要先把 int 型数据按从低到高的方向转换成 double 型数据,然后再运算。int 型数据和 float 型数据进行运算,均需转换成 double 型数据才能运算。

例 3.8   C 语言混合计算示例。

程序如下:

```
#include<stdio.h>
int main(void)
{
    int a=1;
    float b=2.0;
    double c=3.0,y;
    long d=6;
    y=1+'m'+a*b-d/c;
    printf("%f\n",y);
    return 0;
}
```

程序运行结果如下:

```
110.000000
```

上例在求 y 值时,编译器对表达式"$1+'m'+a*b-d/c$"的执行是从左到右的,具体运算过程如下:

(1) 先计算 $1+'m'$,'m'转换成整数 109,求得两者之和为 110。

(2) 因为"$*$"比"$+$"的优先级高,所以先计算 $a*b$,因为 a 为 int 型、b 为 float 型,所以 a 和 b 都要转换成 double 型,两者之积也为 double 型。

(3) 将 110 与 $a*b$ 的积相加,计算"$110+a*b$",其结果为 double 型。

(4) 因为 c 为 double 型,所以要将变量 d 转换成 double 型之后再计算 d/c,其结果也是 double 型。

(5) 将"$110+a*b$"与"d/c"相减,计算结果为 double 型。

需要注意的是,上述运算过程中的转换都是系统自动完成的。

3.4.2   赋值运算中的数据类型转换

C 语言规定,在赋值运算中若赋值运算符"="两边的数据类型不一致,且都是数值型或字符型,将进行数据类型转换,此时会将赋值运算符右边的数据类型转换成左边的数据类型。具体规则如下：

（1）浮点型数据赋予整型变量，浮点型数据的小数部分将被舍去，而不是四舍五入。例如，x 为整型变量，执行 $x=3.98$ 的赋值运算，赋值结果为 $x=3$，浮点数 3.98 的小数部分被舍去（注意不是四舍五入）。

（2）整型数据赋予浮点型数据，数值不变，但将以浮点数的形式存放，即增加小数部分，且小数部分的值为 0。例如，x 为 float 型变量（7 位有效数字），将整数 10 赋给 x，则先转换成 10.00000，然后再赋给变量 x，$x=10.00000$。

（3）float 型数据赋给 double 型变量，数值不变，但有效位由 7 位扩至 16 位，占据的存储空间也由 4 字节扩至 8 字节。

（4）double 型数据赋给 float 型变量时会产生舍入误差，系统取 double 型数据的前 7 位有效数字存入 float 型变量（前提是取值范围不能溢出），其余数字舍去。

例如：

```
float x=1e20;              /* 正确 */
floaty=1e100;             /* 非法,数据溢出 */
```

（5）在将 char 型数据赋予 int 型变量时，将 char 型数据的 ASCII 码值以二进制的形式放入 int 型变量的低 8 位中，左侧高位均为 0。

（6）在将 int、short、long 型数据赋给 char 型变量时，只将数据的低 8 位作为 ASCII 码值存入 char 型变量，剩余高位的内容都舍去。

（7）在将 short 型数据赋给 int、long 型变量时（以 VC++ 6.0 为例）需进行符号扩展。先将 short 的 16 位二进制数送入 int、long 型变量的低 16 位，然后进行符号扩展，若 short 型数据为正，则 int、long 型变量的高位补 0，否则补 1。

（8）在将 unsigned short 型数据赋给 int、long 型变量时不存在符号扩展问题，只需将高位补 0 即可。

（9）在将非 unsigned 型数据赋给长度相同的 unsigned 型变量时也是原样赋值，即符号位也作为数值一起传送。

以上转换规则看起来有些烦琐，其实总结起来就是一点，即赋值时的类型转换其实就是按存储单元中的存储形式直接传送。

3.4.3　强制转换

前面两种数据转换是由编译器自动完成的。除此之外，C 语言还允许对数据进行强制转换。

强制转换的作用是利用强制转换运算符"（ ）"把一个表达式强制转换成需要的数据类型，一般格式如下：

（类型说明符）（表达式）

例如：

```
(float) a                  /* 把变量 a 强制转换为 float 型 */
(int) (x+y)               /* 把 x+y 的结果强制转换为整型 */
```

在使用强制转换时应注意以下两点：

（1）类型说明符和表达式都必须加括号，单个变量可以不加括号。若把(int)$(x+y)$写成(int)$x+y$，则相当于把 x 转换成 int 型后再与 y 相加。

（2）强制转换只是为了运算需要对数据进行的临时性转换。在强制转换后，程序会得到一个所需数据类型的临时变量，而原有变量的数据类型并未改变。

例 3.9 强制转换示例。

程序如下：

```
int main(void)
{
    float x=3.14;
    printf("(int)x=%d\n",(int)x);  /* float 型变量 x 被强制转换后得到一个 int 型临时变量 */
    printf("x=%f\n",x);            /* 被强制转换的 float 型变量 x 本身并未改变 */
    return 0;
}
```

程序运行结果如下：

```
(int)x=3
x=3.140000
```

由上例可知，float 型变量 x 在程序的第 4 行中被强制转换，得到一个临时的 int 型数据并输出，而 x 原有的数据类型并未改变，仍为 float 型，如程序运行结果的第 2 行所示。

3.5　运算符和表达式

除控制语句和输入输出以外，C 语言几乎把所有的基本操作都作为运算符处理。因此，C 语言具有极为强大的运算功能，运算符种类很多，如算术运算符、关系运算符、逻辑运算符、位运算符、赋值运算符、条件运算符、逗号运算符、指针运算符、求字节数运算符、强制类型转换运算符、分量运算符、下标运算符等。

各种运算符的数量及作用分别如下。

（1）7 种算术运算符：用于各类数值运算，包括加"＋"、减"－"、乘" * "、除"/"、求余"％"、自增"＋＋"、自减"－－"。

（2）6 种关系运算符：用于比较运算，包括大于">"、小于"<"、等于"＝＝"、大于等于">＝"、小于等于"<＝"和不等于"!＝"。

（3）3 种逻辑运算符：用于逻辑运算，包括与"＆＆"、或"‖"、非"!"。

（4）6 种位运算符：对参与运算的数据按二进制位进行运算，包括按位与"＆"、按位或"|"、按位取反"～"、按位异或"^"、左移"<<"、右移">>"。

（5）11 种赋值运算符：用于赋值运算，包括简单赋值运算符"＝"，复合算术赋值运算符"＋＝""－＝"" * ＝""/＝""％＝"，复合位运算赋值运算符"＆＝""|＝""^＝"">>＝""<<＝"。

（6）条件运算符"?:"：C 语言中唯一的三目运算符，用于条件求值。

（7）逗号运算符","：用于把两个表达式连在一起构成一个表达式。

（8）指针运算符：包括取内容运算符"＊"和取地址运算符"&"。

（9）求字节数运算符"sizeof"：用于计算数据类型所占的字节数。

（10）强制类型转换运算符"（）"：用于将表达式的值强制转换成需要的数据类型。

（11）分量运算符". —>"：用于结构指针指向成员名的操作，也叫指向结构体成员运算符。

（12）下标运算符"[ ]"：用于引用数组元素。

（13）其他：如函数调用运算符"（）"等。

在 C 语言中使用运算符时需要考虑运算符的优先级和结合性问题。在表达式中，各运算量参与运算的先后顺序不仅要遵守运算符优先级别的规定，还要受运算符结合性的制约。这种结合性是其他高级语言的运算符所没有的，这也增加了 C 语言的复杂性。

在 C 语言中，表达式的涵盖范围非常广，它可以是任何计算结果为数值的东西，包括简单表达式和复杂表达式。

简单变量、常量、符号常量都是简单表达式，也叫最小表达式，是表达式求值的最小单位。例如，简单变量 x、整型常量 5、字符常量 'a'、符号常量 PI 等都是简单表达式。

表达式的值就是该表达式的运算结果。

所有表达式都有一个值及其类型，如算术表达式的值为整型或浮点型常量；关系或逻辑表达式的值为逻辑值"1"（表示"真"）或"0"（表示"假"）；赋值表达式的值是表达式最左侧变量的值；函数调用也是一种表达式，叫函数表达式，它的值是函数的返回值。

简单表达式的值是其本身的值或程序赋给它的当前值。

复杂表达式由多个简单表达式组成，各个简单表达式之间用运算符相连，因此复杂表达式的值是该表达式的运算结果。例如，$x+y-z$、$4+5/6-7$、$x=5$、$a\&\&b \parallel c$、$m=n=5+7$ 等都是复杂表达式，它们各自运算的结果就是各表达式的值。

有的读者可能会奇怪"$m=n=5+7$"怎么会是表达式呢？这里一定要把 C 语言中表达式的概念与数学中表达式的概念加以区分。

在 C 语言中，"$m=n=5+7$"是一个复杂表达式，该表达式的值就是它最终的运算结果，因此表达式"$m=n=5+7$"的值的求解过程如下：

（1）对表达式"$5+7$"进行加法运算，计算结果就是该表达式的值，即表达式"$5+7$"的值为 12。

（2）在表达式"$n=5+7$"中，将表达式"$5+7$"的值 12 赋给变量 n，且表达式"$n=5+7$"的值也是 12。

（3）在表达式"$m=n=5+7$"中，将表达式"$n=5+7$"的值 12 赋给变量 m，且表达式"$m=n=5+7$"的值也是 12。

综上所述，复杂表达式的值的求解过程相对复杂，有时还需要考虑运算符的优先级和结合性问题，后面会结合具体内容详细讲解。

3.5.1 算术运算符和算术表达式

1. 算术运算符

本章重点要介绍的是算术运算符和赋值运算符。在 C 语言中，基本算术运算符有以下 5 种。

（1）加法运算符"＋"：双目运算符，即应有两个数参与加法运算，如 $a+b$、$4+8$ 等。

（2）减法运算符"－"：双目运算符，但"－"也可作为负值运算符使用。此时，负值运算符"－"为单目运算，如 $-x$、-5。

（3）乘法运算符"＊"：双目运算符。

（4）除法运算符"/"：双目运算符。需要注意的是，当参与除法运算的两个数都是正整数时，其结果也是整数。例如，7/2 的结果不是 3.5 而是 3，小数部分 0.5 被舍去。若参与除法的两个数中有一个是负数，则不同的编译系统计算结果不同。大多数编译系统（如VC++ 6.0、TC 等）遵循"向零凑整"的原则。例如，$-7/2$ 的计算结果为 -3，$-8/3$ 的计算结果为 -2，因为除法运算的运算结果应取整后向 0 靠拢。

（5）取余运算符"％"：双目运算符，％两侧都应是整数，如 5％3 的运算结果为 2，$-5\%3$ 的运算结果为 -2，6％1 的运算结果为 0。

对于＋、－、＊、/这 4 种基本算术运算，若两个参与运算的数中有一个是 float 型或double 型，则计算结果为 double 型，因为对于不同数据类型混合运算而言，必须按照 C 语言的转换规则将参与运算的数转换成相同的类型，相关类型转换规则在 3.4 节中已详细讲解，这里不再赘述。

2. 算术表达式

算术表达式就是用算术运算符和括号将运算对象（操作数）连接起来的符合 C 语言语法规则的式子，其中运算对象包括常量、变量、函数等。

算术表达式的值就是该表达式最终的运算结果，是一个算术值。

例如，$a+b/c$、$1+5$、$x\%2$、$x*y-3.1+$ 'C' 等都是算术表达式。

对于包含多种运算符的算术表达式的值的求解必须遵循一定的顺序进行，这种顺序称为运算符优先级。

C 语言对运算符的优先级有严格的规定，每种运算符都有一个优先级。在计算表达式时首先执行优先级高的运算符，然后执行优先级低的运算符。若表达式中出现了多个优先级相同的运算符，则按照运算符的结合方向进行运算。

下面以算术表达式为例说明复杂表达式的值的求解过程：

（1）在求算术表达式的值时先按算术运算符的优先级别从高到低执行。例如，对算术表达式"$x-y*z$"而言，因为"＊"和"/"的优先级别高于"＋"和"－"，所以"$x-y*z$"相当于"$x-(y*z)$"。

（2）若一个运算对象两侧的运算符的优先级别相同，则需按照 C 语言规定的"结合方向"进行运算。仍以基本算术运算为例，C 语言规定除负值运算符"－"之外，其他基本算术运算符的结合方向是"从左到右"，或者说"先左后右"。例如，在求解算术表达式"$x+y-z$"时，"＋"和"－"的优先级相同，所以按照"从左到右"的结合方向先执行"$x+y$"的运算，再执行减 z 的运算。

（3）如果一个运算符两侧的数据类型不同，则先自动进行类型转换，之后再对相同的数据类型进行运算。

（4）C 语言也有一些右结合性的运算符，如赋值运算符"＝"、自增运算符"＋＋"、自减运算符"－－"、按位取反运算符"～"等，在后面会陆续讲到。

（5）在 C 语言中，为了使运算顺序的表达更清楚，可以用圆括号来改变运算顺序。例如，在求解表达式"（1＋5）＊3"时，需要先计算圆括号中的算术表达式"1＋5"的值，在得到算术表达式的值 6 之后再进行乘法运算"6＊3"。

（6）在复杂表达式中圆括号可以嵌套，当出现圆括号嵌套的情况时从内向外进行运算。例如表达式"24/（1＊（3＊（2＋2）））"，在运算时先算"2＋2"，再算"3＊4"，然后算"1＊12"，最后算"24/12"，得到表达式的值为 2。对初学者而言，为了使表达式更清晰，可以适当使用圆括号。

3. 自增和自减运算符

自增运算符"＋＋"和自减运算符"－－"是 C 语言中使用非常多的算术运算符。

自增运算符"＋＋"的作用是使操作数加 1；自减运算符"－－"的作用是使操作数减 1。

自增和自减运算符可以放在操作数前面（前置）构成表达式，如＋＋x、－－y 等；也可放在操作数后面（后置）构成表达式，如 x＋＋、y－－ 等。

在不同的程序中，自增和自减运算符前置与后置所起的作用可能不同。

例如，假设变量 x 和 y 均为 int 型变量，x 的初值为 3。

从变量 x 的角度来看，＋＋x 和 x＋＋的作用是相同的，都相当于将变量 x 的值加 1，即对变量 x 来说，＋＋x 和 x＋＋都等价于"$x＝x+1$"，自增运算符前置和后置的作用相同。

但在表达式 1"$y＝＋＋x$"和表达式 2"$y＝x＋＋$"中，对于变量 y 而言，＋＋x 和 x＋＋的作用是不同的。

在表达式 1 中，系统先将 x 的值加 1，x 的值由 3 变为 4，之后将 x 的值 4 作为"＋＋x"的值赋给变量 y，最终 y 的值为 4、x 的值为 4。

在表达式 2 中，系统先将 x 的值 3 作为"$x＋＋$"的值赋给变量 y，即 y 的值为 3，然后再将 x 的值加 1，最终 y 的值为 3、x 的值为 4。

综上所述，对变量 x 而言，＋＋x 和 x＋＋的作用相同，但对变量 y 而言，＋＋x 和 x＋＋的作用不同。

例 3.10　自增运算符前置与后置在表达式中的应用。

程序如下：

```
#include <stdio.h>
int main(void)
{
    int x=3,y=3,i,j;
    i=x++;                                    /* 自增运算符后置 */
    j=++y;                                    /* 自增运算符前置 */
    printf("x=%d,i=%d,y=%d,j=%d\n",x,i,y,j);  /* 分别输出 x、i、y 和 j */
    return 0;
}
```

程序运行结果如下：

```
x=4,i=3,y=4,j=4
```

在上例中求解程序第 5 行的表达式"$i=x++$"的值时，因为自增运算符"$++$"置于变量 x 之后，所以根据自增运算符后置的说明可知，程序先将变量 x 的值 3 作为"$x++$"的值赋给变量 i（即 $i=3$），之后再执行"$x=x+1$"的自增运算，使 x 的值变为 4。

在求解程序第 6 行的表达式"$j=++y$"的值时，因为自增运算符"$++$"置于变量 y 之前，所以根据自增运算符前置的说明可知，程序先执行"$y=y+1$"的自增运算，使 y 的值变为 4，并将其作为"$++y$"的值赋给变量 j，即 $j=4$。

通过上例可以看到，对于变量 x 和变量 y 而言，自增运算符前置与后置的作用一样，都是使变量的值加 1，即 $x++$ 相当于 $x=x+1$，$++y$ 相当于 $y=y+1$。但是对于表达式"$i=x++$"和表达式"$j=++y$"而言，自增运算符前置与后置的效果是不一样的。

自减运算符的使用与自增运算符类似，也可分为前置和后置。

仍以整型变量 x 为例，假设 x 的初值为 5。

对变量 x 而言，$--x$ 和 $x--$ 的作用相同，都相当于执行"$x=x-1$"的操作。

但在表达式 1"$y=--x$"和表达式 2"$y=x--$"中，对变量 y 而言，$--x$ 和 $x--$ 的作用不同。

在表达式 1 中，系统先将 x 的值减 1（此时 x 的值为 4），然后将其作为"$--x$"的值赋给变量 y，最终 y 的值为 4、x 的值为 4。

在表达式 2 中，系统先将 x 的值 5 作为"$x--$"的值赋给变量 y，即 y 的值为 5，然后再将 x 的值减 1，最终 y 的值为 5、x 的值为 4。

对于自增和自减运算符有以下几点需要注意：

（1）自增和自减运算符只能用于变量，不能用于常量或表达式。

例如：

表达式 $3++$、$--3$、$(x+y)++$、$--(x+5)$ 都是不合法的。因为常量和表达式的值是不能改变的，或者说常量与表达式无法为自增或自减运算后的值提供存储空间。例如，对于表达式 $(x+y)++$ 而言，假设 $x=1$、$y=3$，$(x+y)$ 的值等于 4，那么 $(x+y)$ 自增之后的值 5 放在哪里呢？无处可放。

（2）自增运算符"$++$"、自减运算符"$--$"的优先级与负号"$-$"相同，且运算符的结合方向都是自右至左。

例如：

假设整型变量 x 的值为 3，则表达式"$-x++$"相当于"$-(x++)$"，先利用自增运算符后置得到"$x++$"的值 3，因此表达式"$-(x++)$"的值为 -3，然后再将 x 的值加 1，即 x 的值变为 4。

而表达式"$-++x$"相当于"$-(++x)$"，先利用自增运算符前置，将变量 x 的值加 1 变为 4，得到"$x++$"的值 4，然后再利用负号进行取反运算得到表达式"$-(++x)$"的值为 -4。

（3）由于自增和自减运算符在表达式中前置或后置的作用不同，初学者在使用时容易理解错误。

例如：

```
printf("%d,%d\n",x,x++);
```

上述语句容易使初学者产生疑问，建议改成：

```
y=x++;
printf("%d,%d\n",x,y);
```

或直接改为：

```
printf("%d,%d\n",x,x+1);
```

3.5.2　赋值运算符和赋值表达式

在 C 语言中，赋值运算符包括简单赋值运算符和复合赋值运算符。

1. 赋值运算符

在 C 语言中，将赋值符号"＝"称为简单赋值运算符（一般简称为赋值运算符），其作用是将一个值赋给一个变量。

例如：

```
int x;
x=5;
```

在上例中，在定义了整型变量 x 之后利用赋值运算符"＝"将整数 5 赋给了变量 x。

赋值运算符也可将表达式的值赋给变量。

例如：

```
double x;
x=6.0/3.0;
```

在上例中，将表达式 6.0/3.0 的值 2.0 赋给了变量 x。

对于赋值运算符有以下几点需要注意：

（1）赋值运算符的结合方向为自右至左。

（2）C 语言中的赋值运算符"＝"和数学中的等号"＝"是不一样的。数学中的等号"＝"是一种逻辑判断，常用于判断等号两边是否相等，类似于 C 语言后面要学的关系运算符中的"＝＝"。C 语言中的赋值运算符"＝"的作用是将一个值赋给一个变量，也就是说它是一种运算或者一种操作。

例如：

在数学中可以写"3＋3＝4＋2"，表示等号两边相等，而 C 语言中赋值运算符的左边必须是一个变量，不允许出现常量。

（3）在数学中，"$x=y$"表示 x 和 y 相等。在 C 语言中，"$x=y$"则是将 y 的值赋给 x，即将 y 的值放入 x 的内存单元取代其原有的值。在 C 语言中，如果想表示变量 x 和变量 y 两者相等，应写为"$x==y$"，在后面介绍关系运算符时会详细讲解。

（4）在使用赋值运算符时要根据变量定义时的数据类型明确其取值范围,若所赋的值超过变量的取值范围,编译器会报错。

（5）如果赋值运算符两侧的类型不一致,但又都是数值型或字符型数据,那么赋值时要进行类型转换,具体规则详见 3.4.2 节,这里不再赘述。

2. 复合赋值运算符

为方便编程,除了赋值运算符"＝"之外,C 语言还提供了复合赋值运算符。

在赋值运算符的前面加上其他运算符就构成了复合赋值运算符。

C 语言规定凡是双目运算符(10 种)都可以和赋值运算符一起构成复合赋值运算符,包括＋＝、－＝、＊＝、/＝、%＝、<<＝、>>＝、&＝、^＝和|＝。

上述 10 种复合赋值运算符的结合方向都是自右至左,前 5 种用于算术运算,后 5 种用于位运算(详见第 9 章)。

例如：

$x+=5$ 等价于 $x=x+5$;

$x*=5$ 等价于 $x=x*5$;

$x\%=5$ 等价于 $x=x\%5$;

$x/=y+3$ 等价于 $x=x/(y+3)$。

上述语句都是对复合赋值运算符的运用。

下面以 $x+=5$ 为例说明复合赋值运算符的运算过程：

（1）计算表达式"$x+5$"的值。

（2）将表达式"$x+5$"的值重新赋给变量 x。

因此,表达式"$x+=5$"与表达式"$x=x+5$"是等价的。

表达式 $x*=5$、$x\%=5$ 和 $x/=5$ 的运算过程与"$x+=5$"类似,这里不再赘述。

需要注意的是,如果复合赋值运算符右侧的表达式中还有其他运算符,那就需要结合运算符的优先级和结合方向进行运算。

例如,对于表达式"$x/=y+3$"而言,因为加法运算符"＋"的优先级高于复合赋值运算符"/＝",所以要先计算表达式"$y+3$"的值,然后再进行"/＝"的复合赋值运算,即表达式"$x/=y+3$"等价于"$x=x/(y+3)$"。

在 C 语言中,使用复合赋值运算符的目的一是用于简化程序;二是用于提高程序的编译效率,使编译器生成的目标代码质量更高。

3. 赋值表达式

用赋值运算符把一个变量和一个表达式连起来构成的式子叫赋值表达式,其一般形式如下：

变量 赋值运算符 表达式

赋值表达式的值同样是赋值运算的结果,其值的求解过程如下：

（1）计算赋值运算符右侧表达式的值。

（2）将表达式的值赋给赋值运算符左侧的变量。

（3）左侧变量的值即整个赋值表达式的值。

例如，在求解赋值表达式"$x=3$"的值时先计算赋值运算符"$=$"右边表达式的值，右边的表达式是一个常量，其值为 3；之后将表达式的值 3 赋给变量 x；最后，变量 x 的值就是表达式"$x=3$"的值。

简单来说，"赋值表达式的值"就是"赋值表达式最左侧的变量的值"。

赋值运算符"$=$"左侧的标识符也叫左值，只能是变量；赋值运算符"$=$"右侧的表达式也叫右值，可以是简单表达式，也可以是复杂表达式。

请结合下例分析赋值表达式的值的求解过程。

例 3.11　分析赋值表达式的值。

程序如下：

```
# include < stdio. h >
int main(void)
{
    int x,y,z;
    x=y=z=5+7;                    /* 利用赋值表达式给变量 x、y 和 z 赋值 */
    printf("%d,%d,%d\n",x,y,z);
    return 0;
}
```

程序运行结果如下：

`12,12,12`

对于上例，由前面的介绍可知，赋值运算符的结合方向是自右至左的，所以程序第 5 行的表达式相当于"$x=(y=(z=(5+7)))$"，其值的求解过程如下：

（1）先求表达式"$5+7$"的值，其值为 12。

（2）将表达式"$5+7$"的值 12 赋给变量 z，且变量 z 的值 12 就是赋值表达式"$z=(5+7)$"的值。

（3）将赋值表达式"$z=(5+7)$"的值 12 赋给变量 y，且变量 y 的值 12 就是赋值表达式"$y=(z=(5+7))$"的值。

（4）将赋值表达式"$y=(z=(5+7))$"的值 12 赋给变量 x，且变量 x 的值 12 就是赋值表达式"$x=(y=(z=(5+7)))$"的值。

综上所述，虽然变量 x、y、z 的值都是 12，但它们的值是由不同的赋值表达式的值赋予的。这一点与数学中等号的使用有很大的不同。

请读者结合以下表达式分析并练习赋值表达式的值的求解。

```
x=3+(y=2);                    /* y 的值为 2、x 的值为 5,整个表达式的值为 5 */
x=(y=6)/(z=3);                /* z 的值为 3、y 的值为 6、x 的值为 2,整个表达式的值为 2 */
```

同样，在赋值表达式中也可以使用复合赋值运算符，假设变量 y 的初值为 20。

```
x=2+(y-=3*5);                /* y 的值为 5、x 的值为 7,整个表达式的值为 7 */
```

3.5.3　逗号运算符和逗号表达式

为方便程序设计,C语言还提供了一种特殊的运算符——逗号运算符",",其作用是将两个表达式连接起来构成一个表达式。

例如:

x=3,3*2　　　　　　　/*逗号运算符","将表达式"x=3"和表达式"3*2"相连*/

利用逗号运算符可以将多个表达式连接在一起构成逗号表达式,其一般形式如下:

表达式1,表达式2,表达式3,…,表达式n

逗号表达式的结合方向是自左至右的,所以逗号表达式的求解是先求解表达式1,再求解表达式2,再求解表达式3,……,最后求解表达式n,且整个逗号表达式的值就是最右侧的表达式n的值。

例如:

y=(x=3*4,6/3);

在上述语句中"$x=3*4,6/3$"是一个逗号表达式,且整个逗号表达式的值为表达式"6/3"的值2。因此,该语句的作用是先将12赋给变量x,然后将2赋给变量y。

又例如:

x=(y++,z++);

上述语句的运算过程如下:

首先使变量y自增1;然后将变量z的值作为"z++"的值赋给逗号表达式"y++,z++";之后将逗号表达式的值赋给变量x;最后使变量z自增1。

若变量y和z的初值均为1,则上述语句运行后x值为1、y值为2、z值为2。

请注意,上面两个例子中都使用了圆括号"()",这是因为逗号运算符的优先级在所有运算符中是最低的。如果想实现上面所说的编程目的,必须用圆括号指定运算顺序。

在C语言中,逗号表达式其实就是用逗号运算符把若干个表达式连起来,其目的一般是希望分别得到各个表达式的值,整个逗号表达式的值有时反而不会用到。逗号表达式在C语言中应用最多的情况是在"for循环语句"中(详见第4章)。

最后需要强调的是,在C语言程序中并非所有使用的逗号都是逗号运算符。在后面介绍函数调用时(详见第6章)多个函数参数之间要用逗号隔开,例如"sum(3,5)";格式输入函数scanf和格式输出函数printf在使用时也会用到逗号,例如"printf("%d,%d,%d\n",x,y,z);"和"scanf("%d,%d",&x,&y);"。

例3.12　逗号表达式的应用。

程序如下:

```
#include<stdio.h>
int main(void)
{
    int a=2,b=4,c=6,x,y;
```

```
        y=((x=a+b),(b+c));      /*利用逗号表达式给变量 x 和 y 赋值*/
        printf("y=%d,x=%d",y,x);
        return 0;
}
```

程序运行结果如下:

`y=10,x=6`

3.5.4　条件运算符

条件运算符是 C 语言唯一的一个三目运算符,运算优先级为 13 级,仅高于赋值运算符和逗号运算符,结合方向为"自右至左"。

由条件运算符构成的条件表达式的一般形式如下:

表达式 1? 表达式 2:表达式 3

上述条件表达式的执行顺序是:先求解表达式 1 的值,若为非 0(真),则求解表达式 2 的值,并将表达式 2 的值作为整个条件表达式的值;若表达式 1 的值为 0(假),则求解表达式 3 的值,并将表达式 3 的值作为整个条件表达式的值。

例如,表达式"z=x>y?x:y"的求解过程如下:因为条件运算符优先级高于赋值运算符,因此,先求解条件表达式"x>y?x:y"的值,如果 x 大于 y,则取 x 的值作为该条件表达式的值;如果 x 小于等于 y,则取 y 的值作为该条件表达式的值。然后将条件表达式的值赋给变量 z。

如上所述,该表达式的作用是取变量 x 和 y 二者的较大值赋给变量 z。

注意:条件表达式中表达式 2 和表达式 3,可以是数值表达式、赋值表达式或函数表达式,且表达式 1 的类型可以与表达式 2 和表达式的类型 3 不同。

例如,条件表达式"x?'A':3;"也是合法的,此表达式的求解请读者自行分析。

第 **4** 章 程 序 结 构

前面已经介绍了一些 C 语言的基础知识,如数据类型、常量、变量、运算符、表达式等,但是在实际编写程序时单靠这些知识是无法完成程序编写任务的,还必须在程序中引入结构的概念。和其他高级语言一样,C 语言有三种基本结构,即顺序结构、选择结构和循环结构。

使用上述三种结构设计的结构化程序能够解决任何复杂的问题,因此为了编程方便,C 语言提供了多种语句用于实现三种基本结构。

4.1 顺序结构程序设计

顺序结构在三种基本结构中是最简单也是最基本的。在顺序结构中,程序将按照算法流程自上而下地顺序执行每一条语句。

4.1.1 C 语 句

一个 C 语言程序由若干个源程序文件组成,而一个源程序文件可由若干个函数、预处理命令及全局变量声明组成。

函数作为 C 语言程序的基本单位,由数据声明部分和执行语句(即 C 语句)组成,如图 4.1 所示。

在 C 程序运行过程中,为了使计算机执行某种操作必须向计算机发出操作指令。这些操作指令就是 C 语句。一个 C 语句经过编译器编译后会转变成若干条机器指令用于控制计算机执行指定操作。

由此可见,C 程序能够进行的操作都是通过执行 C 语句实现的。一个实际的 C 程序应当包含若干条语句,每一条 C 语句都是用于完成一定的操作任务的。

在 C 语言中,C 语句可分为表达式语句、函数调用语句、控制语句、复合语句和空语句 5 种。每一种语句的形式及作用如下。

1. 表达式语句

表达式语句是由表达式加上一个分号";"构成的,其一般形式如下:

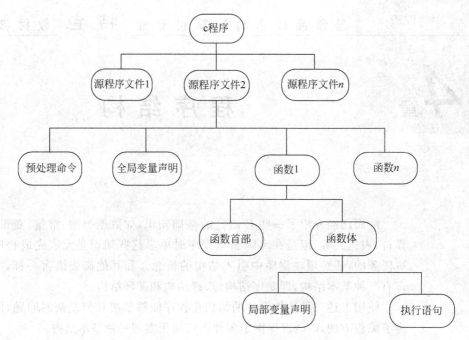

图 4.1   C 语言的程序结构

表达式;

任何表达式都可以加上分号";"构成表达式语句。执行表达式语句就是计算表达式的值。

例如:

```
x=1;                /* 赋值语句,将常量 1 赋给变量 x */
x=y+z;              /* 赋值语句,先计算表达式 y+z 的值,然后将其赋给变量 x */
y+z;                /* 加法运算语句,计算表达式 y+z 的值,但计算结果无法保留,无实
                       际意义 */
i++;                /* 自增运算语句,使变量 i 的值加 1 */
```

2. 函数调用语句

函数调用语句由函数调用加上一个分号";"构成,其一般形式如下:

函数名(实际参数);

函数调用语句的作用是把函数的实际参数传给函数的形式参数,然后执行被调函数体中的语句并求取函数的返回值(在第 6 章中会详细介绍,这里不必细究)。

例如:

```
printf("C Program");    /* 调用格式输出函数,输出一个字符串 */
sum(3,5);               /* 调用 sum 函数,计算 3+5 的和 */
max(5,7);               /* 调用 max 函数,在 5 和 7 中找出较大值 */
```

3. 控制语句

控制语句一般用于控制程序的流程,以实现程序的各种结构。

C 语言提供了三类,共计 9 种控制语句。

（1）条件判断语句：包括 if…else 语句和 switch 语句。

（2）循环执行语句：while 语句、do…while 语句和 for 语句。

（3）转向语句：break 语句、goto 语句、continue 语句和 return 语句。

各种语句的使用会在后续章节详细介绍,这里不再赘述。

4. 复合语句

C 语言允许用大括号"{}"把若干语句括在一起构成复合语句(也叫分程序)。对 C 程序而言,复合语句是单条语句,而不是多条语句。

例如:

```
{                            /* 复合语句开始 */
    x=y+z;
    a=b+c;
    printf("%d,%d",x,a);
}                            /* 复合语句结束 */
```

如上例所示,复合语句中的各条语句都必须以分号";"结束,而表示复合语句结束的大括号"}"的后面不加分号。

5. 空语句

C 语言还允许使用空语句,只有一个分号";"的语句就是空语句。空语句不执行任何操作。在延时程序中,空语句常用作循环语句中的循环体,表示循环体什么也不做,只是执行空循环,产生延时的效果。

例如:

```
void delay (void)              /* 定义延时函数 delay */
{
    int x,y;                   /* 定义整型变量 x,y */

    /* 利用双重 for 循环嵌套实现延时,循环执行次数为 500×500=250 000 次 */
    for(x=500;x>0;x--)
        for(y=500;y>0;y--)
            ;                  /* 内部 for 循环的循环体为空语句,表示在所执行的 250 000
                                  次循环中不执行任何操作,只是消耗时间,起到延时作用 */
}
```

4.1.2　赋值语句

赋值语句是 C 程序中最常用的语句,是由赋值表达式加上一个分号";"构成的,其作用是给赋值运算符"="左侧的变量赋值,一般形式如下:

变量=表达式;

C 程序在执行赋值语句时先计算赋值运算符"="右侧的表达式的值,然后再将该表达式的值赋给"="左侧的变量。

在使用赋值语句时需注意以下几点：

（1）赋值运算符"="右边的表达式也可以是一个赋值表达式，形成嵌套赋值语句，其一般形式如下：

变量 1＝变量 2＝…＝变量 n＝表达式；

例如：

x＝y＝z＋3;

因为赋值运算符是右接合性，所以上述语句的作用相当于：

y＝z＋3;
x＝y;

其运算过程是先计算表达式"$z+3$"的值，然后将表达式"$z+3$"的值赋给变量 y，再将表达式"$y=z+3$"的值（即变量 y 的值）赋给变量 x。

（2）注意赋值表达式和赋值语句在使用中的区别。

例如，下列语句是正确的：

```
if(a<b)                        /* 正确,if 后面的"()"中应为表达式 */
    printf("%d",a);
```

若改为

```
if(a<b;)                       /* 错误,if 后面的"()"中不能是语句 */
    printf("%d",a);
```

则是错误的。

（3）定义变量时不允许连续给多个变量赋初值，但赋值语句允许多变量连续赋值。

例如：

```
int x=y=z=1;                   /* 错误,可写成"int x=1,y=1,z=1;" */
x=y=z=1;                       /* 正确,赋值语句允许连续给多变量赋值 */
```

4.1.3 数据的输入与输出实现

在 C 程序运行过程中经常需要利用键盘、鼠标、摄像头等输入设备从外部向计算机输入数据，或利用显示器、打印机等输出设备向外部输出计算机的数据。

但是，C 语言本身是没有输入输出语句的。C 语言的输入输出操作都是由 C 编译环境提供的标准库函数实现的，例如标准输入函数 scanf 和标准输出函数 printf。

在使用库函数进行输入输出时必须使用预处理命令"♯include"将库函数所在的头文件（文件的扩展名为.h）包含到 C 语言的源程序文件中。

例如，若当前程序需要使用 printf 函数，则需要利用预处理命令"♯include"将标准输入输出头文件"stdio.h"包含到当前程序所在的源文件中，如下所示。

```
#include<stdio.h>
```

或者

＃include"stdio.h"

上述两种包含头文件的方式都可以将头文件包含到源文件中,但执行过程稍有不同,详见第 6 章。

在 C 程序中,scanf 函数和 printf 函数的应用极为频繁,因此有的编译系统允许在不包含头文件"stdio.h"的情况下直接使用 scanf 和 printf 函数。

除了 scanf 和 printf 函数之外,在 C 语言函数库中还有一些标准输入输出函数,例如 putchar 函数(输出字符)、getchar 函数(输入字符)、puts 函数(输出字符串)和 gets 函数(输入字符串)。

下面重点介绍 putchar、getchar、scanf 和 printf 几个函数的使用方法及注意事项。

4.1.4 字符数据的输入与输出

C 语言的标准库函数专门为字符数据提供了两种输入输出函数,即 putchar 和 getchar。其中,putchar 函数用于输出字符数据,getchar 函数用于输入字符数据。

1. 字符输出函数 putchar

putchar 函数的作用是向输出终端(如显示器、打印机等)输出单个字符,其一般形式如下:

putchar(字符型数据);

其中,小括号"()"中的"字符型数据"可以是字符型变量也可以是字符型常量(包括普通字符和转义字符)。

例如:

```
putchar(c1);                /*输出字符型变量 c1*/
putchar('A');               /*输出字符型常量'A'*/
putchar('\n');              /*输出转义字符'\n',按回车键换行*/
```

在使用 putchar 函数时需要注意以下几点:

(1) 在使用 putchar 函数时必须将头文件"stdio.h"包含到源文件中。

(2) 因为字符型数据和整型数据通用,所以 putchar 函数后面的小括号"()"中也可以是整型变量和整型常量,此时整型数据被当成 ASCII 码使用。

(3) 不管小括号"()"中的数据类型是整型还是字符型,putchar 函数的输出都是单个字符。

例 4.1 putchar 函数示例。

程序如下:

```
＃include<stdio.h>                 /*编译预处理,包含头文件 stdio.h*/
int main(void)
{
    int x=65;
```

```
char c='A';
putchar(c);putchar('\n');        /*输出字符型变量 c,然后按回车键换行*/
putchar('A');putchar('\n');      /*输出字符型常量'A',然后按回车键换行*/
putchar(x);putchar('\n');        /*输出整型变量 x,然后按回车键换行*/
putchar(65);putchar('\n');       /*输出整型数据 65,然后按回车键换行*/
return 0;
}
```

程序运行结果如下：

在上例中利用 putchar 函数分别输出字符型变量 c、字符型常量'A'、整型变量 x 和整型常量 65,其输出结果都是大写字母 A。这是由于字符型数据和整型数据是通用的,且整型数据被 putchar 函数当成 ASCII 码值输出。

另外,利用 putchar 函数可以直接输出转义字符'\n',其作用是控制显示器上的光标进行按回车键换行操作。

2. 字符输入函数 getchar

getchar 函数的作用是从键盘输入一个字符,getchar 函数不需要参数,其一般形式如下：

```
getchar();
```

注意,getchar 函数后面的小括号"()"中是空的,无需参数。getchar 函数经常和赋值语句一起使用。

例如：

```
char c;                  /*定义一个字符型变量 c*/
c=getchar();             /*利用 getchar 函数给变量 c 赋值*/
```

以上述语句为例,当执行到语句"c=getchar();"时程序要求从键盘输入一个字符,然后 getchar 函数将这个字符赋给变量 c。

在使用 getchar 函数时需要注意以下几点：

(1) 在使用 getchar 函数时必须将头文件"stdio.h"包含到源文件中。

(2) 在执行 getchar 函数时,在输入一个字符后需要用按回车键结束字符的输入工作,即按回车键后 getchar 函数才会接受之前输入的字符。

(3) 按回车键也是一个字符,在使用 getchar 函数时,如果连续输入两个按回车符,getchar 函数会将第 1 个按回车键符作为输入的字符数据,将第 2 个按回车键符作为输入结束标志。

(4) 一个 getchar 函数只能接受一个字符作为输入,且对于键盘输入的数据,getchar 函数都是当成字符处理的。若输入的字符多于一个,getchar 函数只接受第 1 个字符。

例如：

```
char a,b,c;
```

```
a=getchar();
b=getchar();
c=getchar();
```

在执行上述语句时,如果输入 0.3,那么 getchar 函数首先将'0'作为第 1 个字符赋给变量 a,而不是将 0.3 赋给变量 a;之后将'.'作为第 2 个字符赋给变量 b;最后将'3'作为第 3 个字符赋给变量 c。

（5）getchar 函数得到的字符型数据可以赋给一个字符型变量或一个整型变量(将字符的 ASCII 码值当成整型数据),也可不赋给任何变量,作为表达式的一部分。

例如:

```
putchar(getchar());                 /*将 getchar()作为表达式使用*/
```

例 4.2　getchar 函数示例。

程序如下:

```
#include<stdio.h>                   /*编译预处理,包含头文件 stdio.h*/
int main(void)
{
    char c;                         /*定义字符型变量 c*/
    int x;                          /*定义整型变量 x*/
    c=getchar();                    /*利用 getchar 函数给字符型变量赋值*/
    x=c;                            /*将变量 c 的值赋给变量 x*/
    putchar(c);                     /*输出变量 c*/
    printf("\nx=%d\n",x);           /*输出变量 x*/
    return 0;
}
```

当运行上例程序时,若输入大写字母 A,则程序运行结果如下:

其中第 1 行显示的是程序运行到第 6 行时用户从键盘输入的大写字母 A。

第 2 行是程序第 8 行的运行结果,即通过 putchar 函数输出字符型变量 c。因为程序运行至第 6 行时从键盘输入了大写字母 A,因此字符'A'被 getchar 函数赋给字符型变量 c。

第 3 行是程序第 9 行的运行结果,输出的是整型变量 x 的值。因为程序第 7 行将字符型变量 c 的值赋给了整型变量 x,所以 x 中存放的是字符'A'的 ASCII 码值 65。

若将键盘输入数据改为数字“5”,则程序运行结果如下:

可以看到,哪怕输入的是数字 5,getchar 函数也是将它当成字符来处理的。

其中第 1 行显示的是程序运行到第 6 行时用户从键盘输入的数字 5。

第 2 行同样是程序第 8 行的运行结果,输出的是变量 c,此时显示的 5 到底是数值 5

还是字符 5 尚不易分辨。

第 3 行是程序第 9 行的运行结果,输出的是整型变量 x 的值。因为变量 c 的值在程序第 7 行被赋给变量 x,所以通过分析可知,在程序运行过程中输入的 5 是作为字符处理的,当把它作为变量 c 的值赋给 x 时,x 中存放的是数字 5(也可以说是字符 5)的 ASCII 码值 53。

4.1.5 格式输入与格式输出

putchar 和 getchar 函数适用于单个字符的输入与输出。如果输入输出的数据较多或数据类型不单是字符型,就需要使用 C 语言提供的另外两个输入输出函数了,即 printf 和 scanf。

1. 格式输出函数 printf

格式输出函数 printf 是 C 程序中最常用的标准库函数之一,其作用是按用户指定的格式向输出设备(显示器或打印机)输出若干个任意类型的数据,一般调用格式如下:

printf("格式控制字符串",输出列表);

其中,小括号"()"中的内容包括两部分——**格式控制字符串**和**输出列表**。

1)格式控制字符串

格式控制字符串也叫格式控制,是用双引号" "括起来的字符串。

格式控制字符串也包含两部分内容,即**格式说明和普通字符**。

(1) 格式说明:格式说明由"%"和格式字符组成,其作用是按照指定的格式将输出列表中的数据输出,如%d、%f、%c 等。每一个格式说明都是与输出列表中的数据一一对应的。

例如:

printf("%d%f%c", x,y,z);

在上述语句中,第 1 个格式说明"%d"与输出列表中的变量 x 对应,表示以带符号的十进制数形式输出变量 x;第 2 个格式说明"%f"与输出列表中的变量 y 对应,表示以单精度浮点数形式输出变量 y;第 3 个格式说明"%c"与输出列表中的变量 z 对应,表示以字符形式输出变量 z。

在使用 printf 函数时,若输出数据的格式与格式说明不一致,则先将输出数据转换成格式说明指定的格式,然后再输出。

例如,若整型变量 x 的值为 65,那么下面两个语句的显示结果是不同的。

printf("%d", x);   /*将输出列表中的变量 x 以带符号十进制数的形式输出*/
printf("%c", x);   /*将输出列表中的变量 x 以字符形式输出*/

根据 printf 函数的使用说明,执行第 1 个语句会输出:

65

此时,输出的就是整型变量 x 的值。

而执行第 2 个语句会输出：

A

此时，printf 函数会先将变量 x 的值当成 ASCII 码，然后输出该 ASCII 码对应的字符，即大写字母 A。

C 语言中常用的格式字符有 9 种，如表 4.1 所示。

表 4.1　printf 函数常用的格式字符

字　符	说　明
d	以十进制形式输出带符号整型数据（正数不输出符号）
o	以八进制形式输出无符号整型数据（无须输出前缀 0）
x 或 X	以十六进制形式输出无符号整型数据（无须输出前缀 0x），在用 x 时，十六进制数中的 a～f 是以小写字母形式输出的；在用 X 时，十六进制数中的 a～f 是以大写字母形式输出的
u	以十进制形式输出无符号整型数据
c	以字符形式输出单个字符
s	输出字符串
f	以小数形式输出单、双精度实数，隐含输出 6 位小数
e 或 E	以指数形式输出单、双精度实数
g 或 G	以 %f 或 %e 中输出宽度较短的格式输出单、双精度实数，不输出无意义的 0。在用 G 时，若以指数形式输出数据，则指数为大写形式 E

在表 4.1 的 9 种格式字符中，除了 X、E、G 以外，其他格式字符必须用小写字母，如 %d 不能写成 %D。

在格式说明中，% 和格式字符之间还可以插入附加格式符（也叫修饰符），如表 4.2 所示。

表 4.2　printf 函数的附加格式符

字　符	说　明
l 或 L	用于输出长整型数据，可加在格式符 d、o、x、u 前面
m（代表一个正整数）	用于指定输出数据的最小宽度。若数据的位数小于 m，则左侧补空格；若位数大于 m，则按实际位数输出
n（代表一个正整数）	若用于实数输出，n 表示输出 n 位小数；若用于字符串输出，n 表示截取的字符个数

（2）普通字符：格式控制字符串中的普通字符是需要原样输出的字符。

例如：

```
printf("x=%d", x);
```

在上述语句中，用下画线标记的字符 x 和＝都是普通字符，需要原样输出。%d 是格式说明，表示以有符号十进制数的形式输出变量 x。若 x 的值为 5，则上句的输出结果为：

x＝5

该语句在执行时 printf 函数先把普通字符'x'和'＝'原样输出,然后再把变量 x 按照格式说明"%d"指定的形式输出带符号十进制数。

需要注意的是,格式控制字符串中的普通字符也包括转义字符,例如'\n' '\t' '\b' '\r' '\f' '\"' '\\'等。

转义字符是一种控制字符,因此利用 printf 原样输出转义字符就等于执行该转义字符的对应操作。

例如:

```
int x＝3;
printf("\\x＝%d\\", x);        /*输出\x＝3\*/
printf("x＝%d\n", x);          /*输出 x＝3,然后换行*/
```

在上述两个输出语句中,'\\'和'\n'都是转义字符,'\\'代表一个反斜杠,'\n'代表换行。

2) 输出列表

输出列表是 printf 函数需要输出的数据列表,可以是表达式,也可以是变量。输出列表的多个数据之间需用逗号","隔开。输出列表中的每一个数据都与格式控制字符串中的一个格式说明相对应。

例如:

```
printf("%d,%f", x,y);             /*输出变量 x 和 y 的值*/
```

在上述语句中,格式控制字符串中的第 1 个格式说明"%d"对应的是输出列表中的变量 x,表示以有符号十进制数的形式输出变量 x;%d 后面的","是普通字符,原样输出;第 2 个格式说明"%f"对应的是输出列表中的变量 y,表示以单精度浮点数形式输出变量 y。

又如:

```
printf("%d,%c", x+3,y);          /*输出表达式"x+3"的值和变量 y 的值*/
```

在上述语句中,格式控制字符串中的第 1 个格式说明"%d"对应的是输出列表中的表达式 $x+3$,表示以有符号十进制数的形式输出表达式 $x+3$ 的值;第 2 个格式说明"%c"对应的是输出列表中的变量 y,表示以字符形式输出变量 y。

3) printf 函数常用格式字符的使用说明

在使用 printf 函数输出数据时,不同类型的数据应使用不同的格式字符。现将最常用的几种格式字符说明如下。

(1) 格式字符 d 的作用是输出带符号的十进制整型数据,一般有以下几种用法。

• %d:按照实际长度输出十进制整型数据。例如:

```
printf("%d", x);                 /*输出整型变量 x*/
```

• %md:按照 m(正整数)指定的最小宽度输出十进制整型数据。如果数据实际位数小于 m,则左侧补空格;若大于 m,则以实际位数输出。例如:

```
printf("%4d,%4d",a,b);
```

若 $a=123$、$b=12345$,则输出结果为:

␣123,12345

- %ld:用于输出长整型数据。例如:

```
long a=123456;
printf("%ld",a);
```

在 Turbo C 编译环境下,若用%d 输出变量 a 则会发生错误(在 Turbo C 中,基本整型数据的范围为$-32\,768\sim32\,767$),因此对于 long 型数据应当用%ld 格式输出。对长整型数据也可以指定字段宽度,例如将上面 printf 函数中的"%ld"改为"%10ld",则输出如下。

␣␣␣␣123456

注意,VC++ 6.0 编译环境不会出现上述问题,因为 VC++ 6.0 中 int 型和 long 型的取值范围相同。

(2) 格式字符 o 的作用是以八进制整数形式输出整型数据。注意,在使用格式字符 o 时符号位也会作为八进制数的一部分输出,因此%o 输出的数不带符号。例如:

```
int a=9;
printf("%d,%o",a,a);
```

上述语句的运行结果为:

9,11

11 是用八进制表示的整数 9。

长整数(long 型)可以用"%lo"格式输出,也可以指定数据输出宽度,例如"%8lo"。

(3) 格式字符 x 的作用是以十六进制数形式输出整型数据。与格式字符 o 类似,格式字符 x 同样不会输出负的十六进制数。例如:

```
int a=17;
printf("%x,%o,%d",a,a,a);
```

上述语句的运行结果为:

11,21,17

同样可以用"%lx"输出长整数(long 型),也可以指定数据输出宽度,例如"%12lx"。

(4) 格式字符 u 的作用是输出 unsigned 型数据,即无符号十进制整数。

(5) 格式字符 c 的作用是输出一个字符。例如:

```
char x='d';
printf("%c",x);
```

上述语句的运行结果为:

d

需要注意的是,因为整型数据和字符型数据可以通用,所以如果一个整数的值在 0 到 127 之间(国际标准 ASCII 码范围),那么它就可以用%c 输出,此时这个整数就是所显示字符的 ASCII 码值;反之亦然,一个字符也可以用%d 输出,输出它的 ASCII 码值。例如:

```
int x=65;
char c='A';
printf("%c,%d", x,c);
```

上述语句的运行结果为:

A,65

(6) 格式字符 s 的作用是输出一个字符串。例如:

```
printf("%s","CHINA");
```

上述语句的运行结果为:

CHINA

格式字符 s 还有以下几种用法。

- %ms:m(正整数)说明输出的字符串占 m 列。若字符串本身长度大于 m,则按字符串的实际长度输出;若字符串的长度小于 m,则左侧补空格。
- %-ms,若字符串长度小于 m,则在 m 列范围内字符串左对齐,右侧补空格。
- %m.ns:输出占 m 列,但只取字符串中左端的 n 个字符。这 n 个字符输出在 m 列的右侧,左侧补空格。如果 $n>m$,则 m 自动取 n 值,保证 n 个字符正常输出。
- %-m.ns:m 和 n 的意义同上,但此时 n 个字符输出在 m 列的左侧,右侧补空格。同样,若 $n>m$,则 m 自动取 n 值,保证 n 个字符正常输出。

例 4.3 将变量的值以不同形式输出。

程序如下:

```
#include<stdio.h>
int main(void)
{
    int a=88,b=89;               /*定义两个整型变量 a 和 b 并赋初值*/
    printf("%d,%d\n",a,b);       /*以十进制整数形式输出 a 和 b*/
    printf("%c,%c\n",a,b);       /*以字符形式输出 a 和 b*/
    printf("%5d\n",a);           /*输出 a,输出宽度为 5*/
    printf("%o,%x\n",a,a);       /*分别以八进制和十六进制形式输出 a*/
    return 0;
}
```

程序运行结果如下:

```
88,89
X,Y
   88
130,58
```

（7）格式字符 f 的作用是以小数形式输出实数,包括单、双精度数据,一般有以下几种用法。

- %f:不指定输出宽度(系统自动指定),实数的整数部分全部输出,并输出 6 位小数。
- %m.nf:指定输出的数据宽度为 m 列,其中有 n 位小数。输出的数据右对齐,若数据长度小于 m,则左侧补空格;若数据长度大于 m,则先将整数部分全部输出,然后输出 n 位小数,且最后一位小数是四舍五入的结果。例如:

```
float x=3.1415926;
printf("%10.2f", x);
```

上述语句中的"%10.2f"表示以小数形式输出变量 x 的值,数据输出最小宽度为 10(即 x 的输出在显示器上占 10 列的宽度,若不足 10 列,则在左侧补空格),精确到小数点后两位(若小数位不足则右侧补 0,若小数位多于 2 则舍弃多余小数)。因此,上句的输出结果如下:

　　　　　3.14　　　　　　　　　　　/∗输出占 10 列,精确到小数点后两位∗/

但若将语句修改如下:

```
float x=31415.926;
printf("%5.2f", x);
```

则输出结果为:

```
31415.93
```

因为 x 的实际长度大于 5,所以实数的整数部分"31415"全部输出,然后再输出两位小数,此时要注意,输出结果的第 2 位小数"3"是四舍五入的结果。

- %-m.nf:其作用与%m.nf 类似,只不过输出的数据左对齐,如果有需要右侧补空格。

（8）格式字符 e 的作用是以指数形式输出实数,它同样也有%m.ne 和%-m.ne 的形式,在使用上与%m.nf 和%-m.nf 类似。

（9）格式字符 g 的作用同样是输出实数。在使用%g 时,系统根据数值大小自动选择%f 或%e 格式输出数据(选择输出宽度较小的那种),且不输出无意义的 0。例如:

```
float x=111.111;
printf("%f,%e,%g",x,x,x);
```

上述语句的运行结果如下:

```
111.111000,1.111110e+002,111.111
```

2. 格式输入函数 scanf

格式输入函数 scanf 函数也是 C 程序最常用的标准库函数之一,其作用是按用户指定的格式从键盘输入若干个数据,并将它们分别赋给指定的变量。scanf 函数可以输入一

个或多个数据,一般调用格式如下:

scanf("格式控制字符串",地址列表);

其中,小括号"()"中的内容包括两部分,即格式控制字符串和地址列表。

1) 格式控制字符串

scanf 函数中格式控制字符串的作用与 printf 函数类似,如表 4.3 所示,其附加格式符如表 4.4 所示。

表 4.3 scanf 常用的格式字符

字 符	说 明
d	用于输入带符号十进制整数
u	用于输入无符号十进制整数
o	用于输入无符号八进制整数
x 或 X	用于输入无符号十六进制整数,x 大写或小写的作用相同
c	用于输入单个字符
s	用于输入字符串,将字符串送入一个字符数组。在输入时以非空格的字符开始,遇到空格结束。字符串结束标志'\0'由函数自动添加
f	用于输入实数,可以用小数或指数形式输入
e、E、g、G	与 f 的作用相同,在使用时 e、f、g 三种格式字符可以互换

表 4.4 scanf 函数的附加格式符

字 符	说 明
l	用于输入长整型(%ld、%lo、%lx、%lu),也用于输入 double 型数据(%lf、%le)
h	用于输入短整型数据(%hd、%ho、%hx)
m(正整数)	用于指定输入数据所占的宽度(列数)
*	表示此输入项在读入后不赋给任何变量

2) 地址列表

在使用 scanf 函数时一定要注意格式控制字符串后面跟的是输入变量地址而不是输入变量。

例如:

scanf("%d",x);   /*非法*/

应该为:

scanf("%d",&x);

上述语句中的"&x"表示变量 x 在计算机内存中的地址,是由取地址运算符"&"加变量名构成的,此处必须明确变量和变量地址的区别。

变量地址的求取是利用取地址符"&"实现的,一般形式如下:

& 变量名

例如，$\&x$、$\&y$ 分别是对变量 x 和 y 取地址。

3）scanf 函数常用格式字符的使用说明

在使用 scanf 函数时，对于格式字符有以下几点需要注意：

（1）在输入多个数据时，两两数据之间可用空格、按回车键（↵）或 Tab（⇥）键隔开，在数据输入结束后需按回车键。

例如：

scanf("%d%d%d",&x,&y,&z);

在上述语句中，格式控制字符串"%d%d%d"表示按带符号十进制整数的形式输入三个数据，则数据输入过程可以有以下三种方式：

```
1␣2␣3↵                        /＊空格键隔开数据，按回车键表示输入结束＊/
1↵                            /＊按回车键↵隔开数据，按回车键表示输入结束＊/
2↵
3↵
1⇥2⇥3↵                        /＊Tab 键⇥隔开数据，按回车键表示输入结束＊/
```

上述三种输入形式的作用相同，都是把 1 赋给变量 x，把 2 赋给变量 y，把 3 赋给变量 z。

（2）如果 scanf 的格式控制字符串中除了格式说明以外还有其他字符，那么在输入数据时在这些字符的对应位置要原样输入它们。

例如：

scanf("%d,%d,%d",&x,&y,&z);

在上述语句中，格式控制字符串除了格式说明"%d"以外还有逗号"，"，因此输入的数据应如下所示：

```
1,2,3↵
```

在上述输入过程中，如果不输入或用其他字符代替逗号"，"都是错误的，此时输入的逗号"，"自动成为输入数据间隔。

又如：

scanf("%d#%d#%d",&x,&y,&z);

则输入应为：

```
1#2#3↵
```

（3）在输入数据时允许用正整数 m 指定输入宽度，此时系统自动截取 m 列数据作为输入数据。

例如：

scanf("%4f",&x);

若输入：

3.1415926 ↵

则最终被赋予变量 x 的值为 3.14(4 列,小数点"."也算一列),其余输入被舍去。

又如:

scanf("%4d%4d",&x,&y);

若输入:

12345678

则 1234 被赋予变量 x,5678 被赋给变量 y。

(4) 在使用格式说明"%c"输入字符型数据时,空格字符也是有效输入。

例如:

scanf("%c%c%c",&x,&y,&z);

在输入时,若输入:

a␣s␣d ↵

则字符'a'被赋予变量 x,空格字符'␣'被赋予变量 y,字符's'被赋予变量 z。如果用户希望把字符'a' 'b' 'c'分别赋给变量 x、y、z,则应输入如下:

abc↵   /＊输入字符之间不需要空格＊/

或将输入语句改为:

scanf("%c,%c,%c",&x,&y,&z);

输入如下:

a,b,c ↵

(5) 如果格式控制字符串中的某个%后面有一个"＊"附加格式符,表示直接跳过此输入项不赋给任何变量。

例如:

scanf("%d%＊d%d",&x,&y);

若输入如下:

1␣234␣5 ↵

则 1 被赋予变量 x,234 被跳过,5 被赋予变量 y。

(6) 在使用 scanf 输入数据时无法规定输入数据的精度。

例如:

scanf("%4.2f",&x);   /＊错误,不能试图利用此语句输入小数为两位的实数＊/

(7) 在使用 scanf 输入数据时,如果是以下情况,则认为数据输入结束。

• 遇空格键、Tab 键或按回车键;

• 指定输入宽度结束,如"%2d"只取两列数作为输入;

· 遇非法输入。

例 4.4　整型变量值的输入。

程序如下：

```
#include <stdio.h>
int main(void)
{
    int x,y,z;
    printf("input x,y,z:\n");              /*输出提示语*/
    scanf("%d%d%d",&x,&y,&z);              /*输入三个数据分别赋给变量 x、y、z*/
    printf("x=%d,y=%d,z=%d\n",x,y,z);      /*输出变量 x、y、z*/
    return 0;
}
```

程序运行结果如下：

```
input x,y,z:
1 2 3
x=1,y=2,z=3
```

在本例中，由于 scanf 函数本身不能显示提示语，故先用 printf 语句在屏幕上输出提示语，提醒用户输入变量 x、y、z 的值。三个输入数据之间用空格隔开，也可用按回车键或 Tab 键隔开，程序运行结果如下：

```
input x,y,z:
1
2
3
x=1,y=2,z=3
```
　　　　　　　　　　　　　　/*用按回车键隔开*/

```
input x,y,z:
1       2       3
x=1,y=2,z=3
```
　　　　　　　　　　　　　　/*用 Tab 键隔开*/

例 4.5　字符型变量的输入。

程序如下：

```
#include <stdio.h>
int main(void)
{
    char c1,c2;                    /*定义字符型变量 c1、c2*/
    printf("请输入两个字符:\n");    /*输出提示语*/
    scanf("%c,%c",&c1,&c2);        /*输入字符变量 c1、c2*/
    printf("c1=%c,c2=%c\n",c1,c2); /*输出 c1、c2*/
    return 0;
}
```

程序运行结果如下：

```
请输入两个字符:
a,b
c1=a,c2=b
```

注意，scanf 的格式控制字符串中的两个 %c 之间有逗号"，"，所以在输入时两个输入字符 a 和 b 之间也要有逗号"，"。

4.1.6　顺序结构程序设计举例

例 4.6　输入 3 个小写字母,输出其 ASCII 码和对应的大写字母。

程序分析:每个英文字母的小写形式的 ASCII 码比大写字母的 ASCII 码大 32。

程序如下:

```
# include < stdio. h >
int main(void)
{
    char c1,c2,c3;
    printf("请输入 3 个小写字母:\n");                /* 输出提示语 */
    scanf("%c,%c,%c",&c1,&c2,&c3);                /* 用函数 scanf 为变量 a、b、c 赋值 */
    printf("%c,%c,%c 的 ASCII 码:%d,%d,%d\n",c1,c2,c3,c1,c2,c3);
    printf("对应大写:%c,%c,%c\n",c1-32,c2-32,c3-32);
    return 0;
}
```

程序运行结果如下:

```
请输入3个小写字母:
x,y,z
x,y,z的ASCII码: 120,121,122
对应大写: X,Y,Z
```

例 4.7　输出各种数据类型的字节长度。

程序分析:定义不同类型的变量,并用 sizeof 输出各变量所占的字节数。

程序如下:

```
# include < stdio. h >
int main(void)
{
    int a;                              /* 定义基本整型变量 a */
    long b;                             /* 定义长整型变量 b */
    float f;                            /* 定义单精度浮点型变量 f */
    double d;                           /* 定义双精度浮点型变量 d */
    char c;                             /* 定义字符型变量 c */
    printf("\nint:%d\nlong:%d\nfloat:%d\ndouble:%d\nchar:%d\n",sizeof(a),sizeof(b),
    sizeof(f),sizeof(d),sizeof(c));     /* 利用 sizeof 输出各种变量的长度 */
    return 0;
}
```

程序运行结果如下:

```
int:4
long:4
float:4
double:8
char:1
```

注意:sizeof 是 C 语言中的一个关键字,其作用是输出后面小括号中的变量在内存中所占的字节数。

例 4.8　不同类型变量的输出。

程序如下：

```
#include<stdio.h>
int main(void)
{
    int a=15;                                    /*定义整型变量a并赋初值*/
    float b=123.1234567;                         /*定义单精度变量b并赋初值*/
    double c=12345678.1234567;                   /*定义双精度变量c并赋初值*/
    char d='p';                                  /*定义字符型变量d并赋初值*/
    printf("a:%d,%5d,%o,%x\n",a,a,a,a);          /*以4种形式输出a*/
    printf("b:%f,%lf,%5.4f,%e\n",b,b,b,b);       /*以4种形式输出b*/
    printf("c:%f,%20.4lf\n",c,c);                /*以两种形式输出c*/
    printf("d:%c,%8c\n",d,d);                    /*以两种形式输出d*/
    return 0;
}
```

程序运行结果如下：

```
a:15,   15,17,f
b:123.123459,123.123459,123.1235,1.231235e+002
c:12345678.123457,        12345678.1235
d:p,       p
```

在本例中，程序第 8 行以 4 种格式输出整型变量 a 的值，其中"%5d"要求输出宽度为5，而 a 值为 15 只有两位，故左侧补三个空格。

第 9 行中以 4 种格式输出浮点型变量 b，其中第 1 个输出和第 2 输出相同，表示格式说明"%f"和"%lf"的效果相同，即附加格式符"l"对实数输出无影响。格式说明"%5.4lf"指定输出宽度为 5，精确到小数点后 4 位，但由于 b 的实际长度超过 5，故按实际位数输出，小数位数超过 4 位的部分被截去，且最后一位小数是四舍五入的结果。格式说明"%e"要求以指数形式输出 b，且有效数字为 7 位。

第 11 行以两种格式输出字符变量 d，其中"%8c"指定输出宽度为 8，故在字符 p 之前需补 7 个空格。

例 4.9　输入三角形的三个边长，求三角形的面积。

程序分析：假设三角形的三个边长分别为 a、b、c，由数学知识可知三角形的面积公式为 area$=\sqrt{s(s-a)(s-b)(s-c)}$，其中 $s=(a+b+c)/2$。

程序如下：

```
#include<stdio.h>
#include<math.h>                             /*包含数学函数所在的头文件math.h*/
int main(void)
{
    float a,b,c,s,area;                      /*变量的定义*/
    printf("请输入三角形的三个边长:\n");
    scanf("%f,%f,%f",&a,&b,&c);              /*输入三角形的三个边长*/
    s=1.0/2*(a+b+c);                         /*计算变量s*/
    area=sqrt(s*(s-a)*(s-b)*(s-c));          /*调用函数sqrt并利用公式计算面积*/
    printf("a=%7.2f,b=%7.2f,c=%7.2f,s=%7.2f\n",a,b,c,s);
                                             /*输出a、b、c和s*/
```

```
        printf("area=%7.2f\n",area);              /*输出面积 area*/
        return 0;
    }
```

程序运行结果如下：

```
请输入三角形的三个边长：
6,8,10
a=   6.00,b=   8.00,c=  10.00,s=  12.00
area=  24.00
```

在上例中，为利用公式计算三角形面积需调用头文件"math. h"中的开平方函数 sqrt（函数调用问题详见第 6 章，此处了解即可）。需要注意，在程序中若需要使用标准库函数中的数学函数，都应当包含头文件"math. h"。

例 4.10   从键盘输入一个大写字母，要求改用小写字母输出。

程序分析：大写字母比小写字母的 ASCII 码小 32。

程序如下：

```
#include<stdio. h>
int main(void)
{
    char c1,c2;
    printf("请输入一个大写字母：\n");
    c1=getchar();                              /*输入字符变量*/
    printf("%c:%d\n",c1,c1);                    /*输出字符 c1 及其 ASCII 码*/
    c2=c1+32;                                  /*大写字母到小写字母的转换*/
    printf("%c:%d\n",c2,c2);                    /*输出小写字母和 ASCII 码*/
    return 0;
}
```

程序运行结果如下：

```
请输入一个大写字母：
C
C:67
c:99
```

4.2 选择结构程序设计

在编写 C 程序时需要处理的不只是单一顺序事件，有时还需要通过一些判断选择性地执行程序，这就需要用到选择结构。

选择结构是三种基本结构之一。在运行时，选择结构程序通过判断指定条件自动选择要执行的语句。

在 C 语言中，选择结构主要是利用 if 语句和 switch 语句实现的。

4.2.1 关系运算符和逻辑运算符

在选择结构和循环结构中经常需要进行关系运算和逻辑运算。

1. 关系运算符和关系表达式

C 语言中一共有 6 种关系运算符。

(1) <：小于，优先级为 6。

(2) >：大于，优先级为 6。

(3) <=：小于等于，优先级为 6。

(4) >=：大于等于，优先级为 6。

(5) ==：等于，优先级为 7。

(6) !=：不等于，优先级为 7。

上述 6 种关系运算符的结合方向都是自左至右，但优先级别略有不同，前 4 种关系运算符的优先级别高于后两种。

关系运算符的优先级高于赋值运算符，但低于算术运算符，如图 4.2 所示。

关系运算作为一种简单的逻辑运算，其实就是"比较运算"，通过对两个值进行比较，判断是否满足指定条件。

关系运算的结果（比较结果）只有两种情况，即"真"或"假"。

在 C 程序的逻辑运算中一般用"1"代表"真"、用"0"代表"假"。

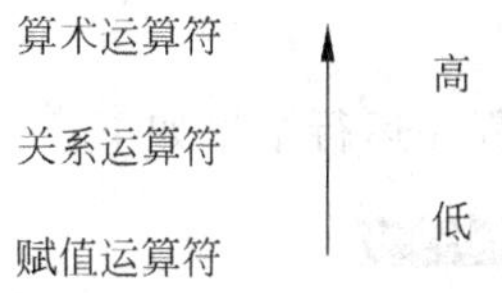

算术运算符

关系运算符

赋值运算符

高

低

图 4.2　三种运算符的优先级

关系运算常以关系表达式的形式出现。

用关系运算符将两个表达式（可以是简单表达式、算术表达式、关系表达式、逻辑表达式或赋值表达式等）连接起来的式子就是关系表达式，常用作选择结构或循环结构的控制条件。

关系表达式的值是逻辑值，即"真(1)"或"假(0)"。

例如，"$x<5$"就是一个关系表达式。如果 x 的值小于 5，满足指定条件"$x<5$"，那么关系运算的结果就是"真"，关系表达式的值也为"真"，用"1"表示；如果 x 的值大于或等于 5，不满足指定条件"$x<5$"，那么关系运算的结果就是"假"，关系表达式的值也为"假"，用"0"表示。

需要注意的是，关系运算符"=="与赋值运算符"="是截然不同的两种运算符。赋值运算符是一种赋值操作，一般是将一个值赋给一个变量，根据赋值的不同，运算结果各不相同；而关系运算符"=="的作用是对两个值进行比较，比较结果只有两种情况，即真(1)或假(0)。

例如：

```
int x=5,y;
y=(x==5);
```

在上述语句中，x 的值为 5，所以关系运算"$x==5$"的比较结果为真，关系表达式"$x==5$"的值为 1，将其赋给变量 y 之后，y 的值为 1。

若上例改为：

```
int x=5,y;
y=(x=5);
```

因为赋值表达式"$x=5$"的值为 5，所以 y 的值为 5。

例 4.11　关系运算示例。

程序如下：

```
# include < stdio.h >
int main(void)
{
    int a=1,b=2,c=3,x,y;
    x=a<b;                      /*利用关系表达式给变量 x 赋值*/
    y=a+1>b>c;                  /*利用关系表达式给变量 y 赋值*/
    printf("x=%d,y=%d\n",x,y);  /*输出变量 x 和 y*/
    return 0;
}
```

程序运行结果如下：

```
x=1,y=0
```

在上例中，根据运算符的优先级和结合方向可知，程序第 5 行的表达式"$x=a<b$"相当于"$x=(a<b)$"，即先比较变量 a 和 b，得到关系表达式"$a<b$"的值，再将其赋给变量 x。因为 $a=1$、$b=2$，关系运算"$a<b$"的结果为真，所以关系表达式"$a<b$"的值为 1，x 的值为 1。

同理，程序第 6 行的表达式"$y=a>b>c+1$"相当于"$y=(((a+1)>b)>c)$"，即先求算术表达式"$a+1$"的值，因为 $a=1$，所以"$a+1$"的值为 2；之后对表达式"$a+1$"和 b 进行"$(a+1)>b$"的关系运算，因为"$a+1$"的值为 2，b 为 2，所以其运算结果为假，表达式"$(a+1)>b$"的值为 0；最后对表达式"$((a+1)>b)$"和变量 c 进行"$((a+1)>b)>c$"的关系运算，因为表达式"$(a+1)>b$"的值为 0，c 为 3，所以其运算结果为假，表达式"$(((a+1)>b)>c)$"的值为 0，y 的值为 0。

2. 逻辑运算符和逻辑表达式

C 语言共有以下三种逻辑运算符。

（1）逻辑"与"：&&，优先级为 11，结合方向为自左至右。

（2）逻辑"或"：‖，优先级为 12，结合方向为自左至右。

（3）逻辑"非"：!，优先级为 2，结合方向为自右至左。

逻辑运算符、关系运算符和赋值运算的运算优先级如图 4.3 所示。

```
! （逻辑非）         ↑  高
算术运算符
关系运算符
&& （逻辑与）
‖ （逻辑或）            低
赋值运算符
```

图 4.3　逻辑、关系、赋值运算符的优先级

逻辑运算的结果是逻辑值,只有两种情况,即"真"和"假"。

需要注意,对于逻辑运算结果而言,"真"用 1 表示,"假"用 0 表示;但对于参与逻辑运算的运算对象(运算量)而言,非 0 表示"真",0 表示"假"。

例如:

```
int x=5,y=1,z;
z=x&&y;
```

在上述语句中,逻辑运算量 x 的值为 5(非 0),表示"真",逻辑运算量 y 的值为 1,表示"真"。因为"真 && 真"的逻辑运算结果为"真",用"1"表示,所以逻辑表达式"$x\&\&y$"的值为 1,z 的值为 1。

请读者认真分析上例中运算量"真"和运算结果"真"的区别。

与、或、非三种逻辑运算的真值表如表 4.5 所示。

表 4.5　与、或、非三种逻辑运算的真值表

x	y	$!\,x$	$!\,y$	$x\&\&y$	$x\parallel y$
真	真	假	假	真	真
真	假	假	真	假	真
假	真	真	假	假	真
假	假	真	真	假	假

逻辑运算常以逻辑表达式的形式出现。

用逻辑运算符将若干个表达式(可以是简单表达式、算术表达式、关系表达式、逻辑表达式或赋值表达式等)连接起来的式子就是逻辑表达式,它常用作选择结构或循环结构的控制条件。

例 4.12　逻辑运算示例。

程序如下:

```
#include<stdio.h>
int main(void)
{
    int a=1,b=2,c=3,x,y;
    x=a&&b;                      /* 利用逻辑表达式给变量 x 赋值 */
    y=!a&&b||!c;                 /* 利用逻辑表达式给变量 y 赋值 */
    printf("x=%d,y=%d\n",x,y);   /* 输出变量 x 和 y */
    return 0;
}
```

程序运行结果如下:

```
x=1,y=0
```

在上例中,程序第 5 行中的逻辑表达式"$a\&\&b$"对变量 a 和 b 进行逻辑"与"运算。因为运算量 a 的值为真(非 0),运算量 b 的值为真(非 0),所以逻辑运算结果为真,用"1"表示,表达式"$a\&\&b$"的值为 1,x 的值为 1。

根据逻辑运算符的优先级和结合方向，程序第 6 行中的逻辑表达式"$!a\&\&b\|!c$"相当于"$(!a)\&\&b\|(!c)$"。先求表达式"$!a$"和"$!c$"的值，因为 a 为真(非 0)，c 为真(非 0)，所以"$!a$"和"$!b$"的值均为假(0)；然后求解表达式"$(!a)\&\&b$"，其值为假(0)；最后求解表达式"$((!a)\&\&b)\|(!c)$"，其值为假(0)。

在进行逻辑运算时需要注意以下两点：

(1) 逻辑运算符两侧的运算量可以是 0 或非 0 的整数，也可以是字符型、实型或指针型数据，系统是通过 0 和非 0 来确定运算量是"真"还是"假"的。

(2) 逻辑运算具有短路特性，逻辑表达式在求解时不是所有的逻辑运算符都会被执行。

例如，若变量 x 的值为真(非 0)，则对于表达式"$x\|y\|z$"而言，系统无须知道变量 y 和 z 的值，也无须执行第 2 个"$\|$"运算符就可以求得表达式的值为真(1)；同理，若变量 x 的值为假(0)，则对于表达式"$x\&\&y\&\&z$"而言，系统无须知道变量 y 和 z 的值，也无须执行第 2 个"$\&\&$"运算符就可以求得表达式的值为假(0)。

4.2.2 if 语句

在 C 程序中实现选择结构最常用的语句是 if 语句和 switch 语句，其中 if 语句也叫条件语句，它有以下三种形式。

1. 形式 1

if(表达式)语句

上述形式是 if 语句的基本形式，if 后面的表达式必须用小括号"()"括起来，一般以关系表达式和逻辑表达式居多，也可以是其他表达式。

如果表达式的值为真(非 0)，执行其后的语句，否则不执行该语句，如图 4.4 所示。

2. 形式 2

if(表达式)
  语句 1
else
  语句 2

如果表达式的值为真(非 0)，执行语句 1，否则执行语句 2，如图 4.5 所示。

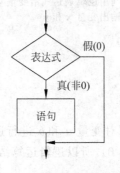

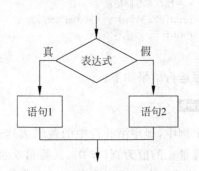

图 4.4 if 语句的执行流程   图 4.5 if…else 语句的执行流程

例如：

```
if(x > y)                /* 判断 x 是否大于 y, 即求表达式 x > y 的值 */
    printf("%d", x);     /* 若 x > y 的值为真, 执行此语句, 输出变量 x */
else
    printf("%d", y);     /* 若 x > y 的值为假, 执行此语句, 输出变量 y */
```

通过分析可知，上例程序段的执行结果是输出 x 和 y 中的较大值。

3. 形式 3

前两种形式的 if 语句一般用于两个分支的情况。当有多个分支选择时，可采用 if⋯ else if 语句，其一般形式如下：

if(表达式 1**)**
　　语句 1
else if(表达式 2**)**
　　语句 2
else if(表达式 3**)**
　　语句 3
⋯
else if(表达式 m**)**
　　语句 m
else
　　语句 n

上述 if⋯else if 语句在运行时会依次判断各表达式的值，当某个表达式的值为真时执行其对应的语句，然后跳出整个 if⋯else if 语句继续执行后续程序。如果所有的表达式均为假，则执行语句 n，然后继续执行后续程序。

if⋯else if 语句的执行流程如图 4.6 所示。

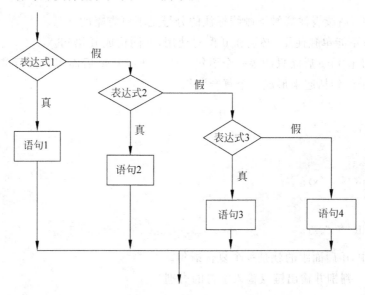

图 4.6　if⋯else if 语句的执行流程

在使用上述三种形式的 if 语句时需要注意以下几点：

（1）if 语句中用作判断条件的表达式不局限于关系表达式或逻辑表达式，可以是任意的数值类型，如整型、实型、字符型、指针型等。

例如：

```
if(1)
    printf("%d",x);
else
    printf("%d",y);
```

在上例中，因为表达式始终为真，所以运行此 if…else 语句时被执行的语句总是"printf("%d",x);"，即总是输出变量 x 的值。

如果改为：

```
int m=1;
if(m)
    printf("%d",x);
else
    printf("%d",y);
```

则效果与上例相同，也是始终输出变量 x 的值。

（2）在 if 语句的第 2、第 3 种形式中，在每个 else 前面都应有一个分号，在整个语句的结尾处也应有一个分号。

例如：

```
if(x<y)
    printf("%d",x);
else
    printf("%d",y);
```

在上例中，请读者注意被下画线标注的分号是不可省略的。

（3）else 不能单独使用，必须和 if 配对使用，共同构成 if 语句。

（4）在 if 和 else 后面只能跟一个语句。如果 if 或 else 后面需要执行多个语句，必须用"{}"将多个语句括起来形成一个复合语句。

例如：

```
if(x!='s')
{
    x+=3;
    printf("%c",x);
}
else
    printf("%c",x);
```

在上例中，if 后面跟的就是一个复合语句。

例 4.13　判别并输出键盘输入字符的类别。

程序如下：

```
#include<stdio.h>
int main(void)
{
    char c;                                      /* 定义字符型变量 c */
    printf("input a character:\n");
    c=getchar();                                 /* 输入一个字符,并将其 ASCII 码赋给 c */
    if(c<32)                                      /* 多分支选择开始 */
        printf("This is a control character\n");
    else if(c>='0'&&c<='9')
        printf("This is a digit\n");
    else if(c>='A'&&c<='Z')
        printf("This is a capital letter\n");
    else if(c>='a'&&c<='z')
        printf("This is a small letter\n");
    else
        printf("This is an other character\n");  /* 多分支选择结束 */
    return 0;
}
```

上例是一个由 if…else if 语句实现的多分支选择程序,其作用是根据输入字符的 ASCII 码值来判断字符类型。根据 ASCII 码表可知 ASCII 码值小于 32 的是控制字符;在'0'和'9'之间的是数字,在'A'和'Z'之间的是大写字母;在'a'和'z'之间的是小写字母,其余的都是其他字符。

若输入为'g',则程序运行结果如下:

```
input a character:
g
This is a small letter
```

4.2.3　if 语句的嵌套

在 C 语言中允许对 if 语句进行嵌套。当 if 语句中的执行语句为一个或多个 if 语句时,将其称为 if 语句的嵌套,其一般形式如下:

if( )
　　if( )语句 1
　　else 语句 2
else
　　if( )语句 3
　　else 语句 4

对于 if 语句的嵌套不需考虑对称问题,根据需要决定嵌套的形式即可。

由于嵌套的 if 语句中容易出现多个 if 和多个 else 重叠的情况,此时一定要注意 if 和 else 之间的配对问题。

C 语言规定,else 总是与它前面最近的未配对的 if 配对。

若嵌套的 if 语句缩进不明显,例如:

if(表达式 1)
if(表达式 2)

```
    语句 1
    else
    语句 2
```

那么根据 C 语言的规定,else 应与第 2 行的 if 配对。

为避免程序结构模糊,上述 if 嵌套语句建议写成以下形式:

```
if(表达式 1)
    if(表达式 2)
        语句 1
    else
        语句 2;
```

如上所示,if 嵌套语句中成对的 if 和 else 处于一条垂直线上,能够使程序结构更清晰,有助于用户阅读和理解程序。

例 4.14   比较两个数的大小关系。

程序如下:

```
#include <stdio.h>
int main(void)
{
    int a,b;
    printf("please input A,B:\n");
    scanf("%d,%d",&a,&b);
    printf("A=%d,B=%d\n",a,b);
    if(a!=b)                      /* 如果 a 不等于 b,比较两者大小 */
    {
        if(a>b)                   /* 如果 a 大于 b,输出 A>B */
            printf("A>B\n");
        else
            printf("A<B\n");      /* 否则输出 A<B */
    }
    else
        printf("A=B\n");          /* 如果 a 等于 b,输出 A=B */
    return 0;
}
```

程序运行结果如下:

```
please input A,B:
3,5
A=3,B=5
A<B
```

上例中使用 if 语句嵌套实现了多分支选择。这种问题用 if…else if 语句也可以完成,而且程序更加清晰。因此,在一般情况下应尽量少用 if 语句的嵌套结构,如果要用,那么在编程时必须注意合理缩进,使程序层次更明显,以便理解。

4.2.4   switch 语句

switch 语句是 C 语言提供的另一种用于多分支选择的语句,常用于功能分类、成绩分档、工资分档、存款分类、档案分类等应用。

　　switch 语句能够实现的功能 if 语句也可以实现，但是与 if 语句相比，在选择结构的分支较多时 switch 语句结构更加清晰，可读性更高，其一般形式如下：

```
switch(表达式)
{
    case 常量表达式 1: 语句 1
    case 常量表达式 2: 语句 2
    ...
    case 常量表达式 n: 语句 n
    default : 语句 n+1
}
```

　　在执行 switch 语句时，首先计算 switch 后面小括号"()"中表达式的值，并将其与各 case 后的常量表达式逐个比较。若表达式的值与某个 case 后的常量表达式的值相等，则执行该常量表达式后面的语句。若表达式的值与所有 case 后的常量表达式均不相等，则执行 default 后的语句。

　　例 4.15　根据输入的数字 1～7 对应输出星期一到星期日的英文单词。

　　程序如下：

```
#include<stdio.h>
int main(void)
{
    int x;
    scanf("%d",&x);
    switch(x)                              /* 注意此行最后无分号 */
    {
        case 1:printf("Monday\n");break;      /* 若 x 为 1,则输出 Monday */
        case 2:printf("Tuesday\n"); break;    /* 若 x 为 2,则输出 Tuesday */
        case 3:printf("Wednesday\n"); break;  /* 若 x 为 3,则输出 Wednesday */
        case 4:printf("Thursday\n"); break;   /* 若 x 为 4,则输出 Thursday */
        case 5:printf("Friday\n"); break;     /* 若 x 为 5,则输出 Friday */
        case 6:printf("Saturday\n"); break;   /* 若 x 为 6,则输出 Saturday */
        case 7:printf("Sunday\n"); break;     /* 若 x 为 7,则输出 Sunday */
        default:printf("error\n");            /* 否则提示错误 */
    }
}
```

　　程序运行结果如下：

```
3
Wednesday
```

　　在使用 switch 语句时需要注意以下几点：

　　(1) switch 后面括号里面的"表达式"可以是任意类型。

　　(2) 每个 case 后面的常量表达式的值必须各不相同，否则会出现自相矛盾的情况。

　　(3) 每个 case 后面允许包含多个语句，无须用大括号"{}"将其括在一起，若为了阅读方便，括起来也可。

例如：

```
case 1:a=1;b=2;c=3;                          /*合法*/
```

（4）switch语句执行的流程为顺序流程，"case 常量表达式"没有条件判断功能，只是起到语句标号的作用。在执行 switch 语句时，根据 switch 后的表达式的值找到某个 case 后的常量表达式就相当于找到了匹配的入口标号（相当于人认路时的路牌）。在执行完此 case 后面的语句之后，流程控制不再判断表达式的值与后面的常量表达式是否相等，直接执行各 case 后的语句，直至整个 switch 语句结束。

例如，上例若改为以下形式：

```
switch(x)
{
    case 1:printf("Monday\n");
    case 2:printf("Tuesday\n");
    case 3:printf("Wednesday\n");
    case 4:printf("Thursday\n");
    case 5:printf("Friday\n");
    case 6:printf("Saturday\n");
    case 7:printf("Sunday\n");
    default:printf("error\n");
}
```

则当 x 的值为1时输出结果如下：

由上述结果可知，当表达式 x 的值与第1个 case 后的常量表达式的值相等时，在执行第1个 case 后的语句之后还会继续执行之后所有 case 和 default 后的语句，而不是在输出 Monday 之后跳出 switch 语句。

如果希望 switch 语句一次只输出一个单词，则在每个 case 的最后应加上一个 break 语句，用于跳出整个 switch 语句。break 语句由关键字 break 加分号构成，没有参数，在 4.3 节还会详细介绍。

（5）在 switch 结构中，各 case 出现的次序以及 default 出现的次序不影响执行结果，且 default 可以省略。

例如：

```
switch(x)
{
    case 5:printf("Monday\n");break;
    ...
    case 1:printf("Sunday\n"); break;
}
```

（6）多个 case 可以共用一组执行语句。

例如：

```
switch (a)
{
    case 1:
    case 2:
    case 3:
    case 4:printf("a<=4");break;
    case 5:
    case 6:
    case 7:printf("4<a<8");break;
    default:printf("error\n");
}
```

在上例中，case 1～ case 4 共用一个输出语句，即当 x 的值为整数 1～4 时均输出 "a<=4"；case 5～ case 7 共用一个输出语句，即当 x 的值为整数 5～7 时输出 "4<a< 8"，其他情况输出 "error"。

4.2.5　选择结构程序举例

例 4.16　输入三个整数，输出最大数和最小数。

程序如下：

```
#include <stdio.h>
int main(void)
{
    int a,b,c,max,min;                  /* 变量的定义 */
    printf("input three numbers:\n");   /* 输入提示 */
    scanf("%d,%d,%d",&a,&b,&c);         /* 输入变量 a、b、c */
    if(a>b)                             /* 如果 a 大于 b */
    {
        max=a;                          /* 将 a 的值赋给变量 max */
        min=b;                          /* 将 b 的值赋给变量 min */
    }
    else                                /* 如果 a 小于 b */
    {
        max=b;                          /* 将 b 的值赋给变量 max */
        min=a;                          /* 将 a 的值赋给变量 min */
    }
    if(max<c)                           /* 如果 max 小于 a */
        max=c;                          /* 将 c 的值赋给变量 max */
    else                                /* 如果 max 大于 c */
        if(min>c)                       /* 且 min 大于 c */
            min=c;                      /* 将 c 的值赋给变量 min */
    printf("max=%d\nmin=%d",max,min);   /* 输出最大数 max、最小数 min */
}
```

程序运行结果如下：

在上例中首先定义三个变量 *a*、*b*、*c* 用于接收三个数据,之后先比较 *a* 和 *b* 的大小,并把大数赋予 max,小数赋予 min;再将 max 与 *c* 比较,若 max 小于 *c*,则把 *c* 赋予 max;若 max 大于 *c*,则 max 保持不变,转而比较 *c* 和 min 的大小,若 *c* 小于 min,则把 *c* 赋予 min,否则 min 保持不变。通过以上比较,max 总是最大数,而 min 总是最小数。最后输出 max 和 min 的值即可。

例 4.17 简单四则运算程序设计。

程序分析:输入两个数,使其实现加、减、乘、除 4 种简单运算并输出运算结果。

程序如下:

```
#include <stdio.h>
int main(void)
{
    float a,b;
    char c;
    printf("input expression: a+b,a-b,a*b,a/b\n");   /* 输出提示语 */
    scanf("%f%c%f",&a,&c,&b);                         /* 输入运算式,a,b 为运算量,c 为
                                                          运算符 */

    switch(c)                                          /* 通过变量 c 选择 a 和 b 的运算形
                                                          式 */

    {
    case '+': printf("%f\n",a+b);break;               /* 若 c 为+,输出 a+b 的值 */
    case '-': printf("%f\n",a-b);break;               /* 若 c 为-,输出 a-b 的值 */
    case '*': printf("%f\n",a*b);break;               /* 若 c 为*,输出 a*b 的值 */
    case '/': printf("%f\n",a/b);break;               /* 若 c 为/,输出 a/b 的值 */
    default: printf("input error\n");                 /* 否则提示输入错误 */
    }
}
```

程序运行结果如下:

```
input expression: a+b,a-b,a*b,a/b
7/8
0.875000
```

上例利用 switch 语句判断运算符实现了简单四则运算,当输入运算符不是加、减、乘、除时会给出错误提示。

4.3 循环结构程序设计

循环结构是三种基本结构中的最后一种。绝大多数应用程序中都包含循环结构,用于重复执行某些操作,如电梯运行中的自动控制、批量成绩的录入、方程迭代求解等。

在上述问题的实现过程中,被计算机重复执行的某些操作就是循环。再确切一点说,循环是指当给定条件成立时计算机反复执行某程序段,直到条件不成立为止。其中,给定

的条件称为循环条件,反复执行的程序段称为循环体。

C 语言提供了以下 4 种循环语句,用于实现循环结构:

- goto 语句;
- while 语句;
- do…while 语句;
- for 语句。

4.3.1 goto 语句

goto 语句是一种无条件转移语句,其一般形式如下:

goto 语句标号;

其中,语句标号是一个有效的标识符,命名规则与变量名相同。

在使用时,语句标号会加上一个";"一起出现在函数内某处。当执行 goto 语句时,程序将跳转到该标号处并执行其后的语句。注意,不能用整数来做标号。

例如:

goto delay;   / * delay 是语句标号,相当于人认路时的指示牌 * /

在使用 goto 语句时需要注意以下几点:

(1) 标号必须与 goto 语句处于同一个函数中,但可以不在一个循环层中。

(2) goto 语句一般与 if 条件语句连用,表示当满足某一条件时程序跳到标号处运行。

(3) goto 语句常用于退出多层嵌套结构,除此之外,一般不建议使用 goto 语句,因为它容易导致程序层次不清,难以阅读。

例 4.18 用 goto 语句和 if 语句构成循环,计算 1～100 的和。

程序如下:

```
#include < stdio. h >
int main(void)
{
    int i, sum=0;
    i=1;
    loop: if(i<=100)
    {
        sum=sum+i;            / * 求和 * /
        i++;                 / * i 自加 1 * /
        goto loop;           / * 返回到标号 loop 处 * /
    }
    printf("%d\n", sum);
    return 0;
}
```

4.3.2 while 语句

在第 2 章中曾提到循环结构分为当型循环和直到型循环。

在 C 语言中,当型循环常用 while 语句实现,其一般形式如下:

while(表达式)
　　语句

如上所示,表达式为循环条件,语句为循环体。

在执行 while 语句时先计算表达式的值,当值为真(非 0)时反复执行循环体语句,直到表达式的值变成假(0)为止,如图 4.7 所示。

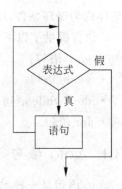

图 4.7　while 语句的执行流程

例 4.19　用 while 语句实现求 1~100 的和。

程序分析:用传统流程图和 N-S 结构流程图将算法表示为如图 4.8 所示。

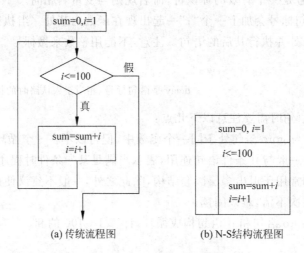

(a) 传统流程图　　　(b) N-S结构流程图

图 4.8　1~100 求和程序的流程图

程序如下:

```c
#include <stdio.h>
int main(void)
{
    int i=1,sum=0;               /* 变量的定义 */
    while(i<=100)                /* 判断循环条件,若为真执行循环,否则跳出 */
    {                            /* 循环体开始 */
        sum=sum+i;               /* 求和 */
        i++;                     /* 从 1 开始,变量 i 每一次循环自增 1 */
    }                            /* 循环体结束 */
    printf("1~100 的和: \nsum=%d\n",sum);        /* 输出结果 */
    return 0;
}
```

程序运行结果如下:

```
1~100的和:
sum=5050
```

在使用 while 语句时需要注意以下几点：

（1）while 语句中用作循环条件的表达式可以是任意形式的表达式，只要其值为真（非 0）即可继续循环。在实际使用中，循环条件常以关系表达式或逻辑表达式的形式出现。

（2）在循环体中一般应有使循环趋向于结束的语句（特殊情况下也可以没有），如上例中的第 8 行程序"i++"，其目的是让变量 i 最终大于 100，结束循环。

（3）循环体中如果有一个以上的语句，则必须用大括号"{}"括起来构成复合语句，如上例中的第 6~9 行所示。

4.3.3　do…while 语句

do…while 语句常用于直到型循环，其特点是先执行循环体，然后再判断循环条件是否成立，其一般形式如下：

```
do
    循环体语句
while(表达式);
```

do…while 语句和 while 语句最大的不同在于它会先执行循环体，然后再判断表达式是否为真，若为真则继续执行循环体，若为假则循环结束。由此可见，do…while 语句中的循环体至少会执行一次，如图 4.9 所示。

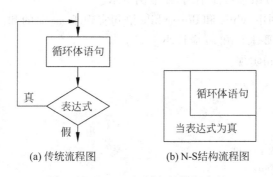

(a) 传统流程图　　　　　(b) N-S 结构流程图

图 4.9　do…while 语句的执行流程

例 4.20　用 do…while 语句实现求 1~100 的和。

程序分析：用传统流程图和 N-S 结构流程图将算法表示为如图 4.10 所示。

程序如下：

```
#include <stdio.h>
int main(void)
{
    int i=1,sum=0;
    do                          /*循环开始，先执行一次循环体*/
    {                           /*循环体开始*/
        sum=sum+i;              /*求和*/
        i++;                    /*从1开始，变量i每一次循环自增1*/
    }while(i<=100);             /*判断循环条件，注意最后要有分号*/
```

```
    printf("1～100 的和: \nsum=%d\n",sum);  /* 输出结果 */
    return 0;
}
```

程序运行结果同上例。

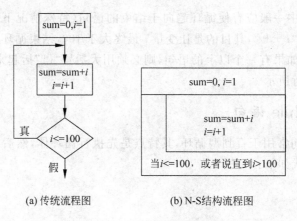

(a) 传统流程图   (b) N-S结构流程图

图 4.10   1～100 求和程序的流程图

在实际应用中,解决同一问题既可用 while 语句实现,也可用 do…while 语句实现,效果相同。需要注意的是,在特殊情况下对于同一问题,若循环体相同,while 语句和 do…while 语句的运行结果可能不同,如下例所示。

例 4.21   分别利用 while 和 do…while 语句实现求 n～5 的和。

程序分析:根据要求可知,n 应该小于等于 5。

(1) 用 while 语句实现:

```
#include <stdio.h>
int main(void)
{
    int sum=0,n;
    printf("请输入 n: \n");
    scanf("%d", &n);
    while(n<=5)
    {
        sum=sum+n;
        n++;
    }
    printf("sum=%d\n",sum);
    return 0;
}
```

(2) 用 do…while 语句实现:

```
#include <stdio.h>
int main(void)
{
    int sum=0,n;
    printf("请输入 n: \n");
```

```
        scanf("%d",&n);
        do
        {
            sum=sum+n;
            n++;
        }while(n<=5);
        printf("sum=%d\n",sum);
        return 0;
}
```

在上例中,若输入 3,则程序(1)和程序(2)的运行结果相同,如下所示:

若输入 6,程序(1)和程序(2)的运行结果不同,如下所示:

/* 使用 while 语句的程序(1)的运行结果 */

/* 使用 do…while 语句的程序(2)的运行结果 */

在上例中,当输入的 *n* 为 6 时不满足程序(1)中 while 语句的循环条件,所以 sum 仍为初始值 0;而在程序(2)中,当 *n* 为 6 时,do…while 语句先执行"sum=sum+n"使 sum为 6,然后再判断循环条件,因为循环条件不成立,所以不再执行 do…while 中的循环体,输出 sum 的值 6。

通过分析上例两段程序可知:

在处理同一问题时,如果循环体相同,而且 while 后面的表达式的值一开始就为真(非 0),那么 while 语句和 do…while 语句的运行结果也相同。

但是,如果 while 后面的表达式的值一开始就为假(0),那么 while 语句和 do…while语句的运行结果可能不同。

这是由于 do…while 语句在执行时会先执行一次循环体,然后再判断循环条件;而while 语句则是先判断循环条件,如果循环条件成立才执行循环体。

也就是说,无论循环条件如何,do…while 语句至少执行一次循环体,而 while 语句有可能不执行循环体。

4.3.4　for 语句

for 语句是 C 语言中使用最灵活,也最有特色的循环语句,既适用于循环次数确定的循环,又适用于循环次数不确定只给出循环结束条件的循环。

for 语句的一般形式如下:

for(表达式 1;表达式 2;表达式 3)
　　循环体语句

其中,表达式 1 一般是赋值表达式,用于给循环变量赋初值;表达式 2 一般是关系表达式或逻辑表达式,用作循环条件;表达式 3 一般是自增、自减表达式或赋值表达式,用于改变循环变量的值,从而使循环能够在执行有限次后正常结束。

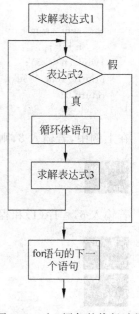

for 语句的执行过程如图 4.11 所示。

for 语句的执行步骤如下。

步骤 1:求解表达式 1。

步骤 2:求解表达式 2,若表达式 2 的值为真(非 0),则执行 for 语句中的循环体语句,然后程序流程跳转到步骤 3;若其值为假(0),则结束循环,程序流程跳转到步骤 5。

步骤 3:求解表达式 3。

步骤 4:跳转至步骤 2 继续执行。

步骤 5:循环结束,执行 for 语句后面的一个语句。

在实际应用中,for 语句最常用的应用形式如下:

for(循环变量赋初值;循环条件;循环变量增值)
　　循环体语句

例如:

```
for(i=1; i<=100; i++)      /* 注意最后无分号 */
    sum=sum+i;             /* 循环体语句 */
```

图 4.11　for 语句的执行过程

上述语句执行时先在表达式 1 中给循环变量 i 赋初值 1,然后在表达式 2 中判断循环条件(判断 i 是否小于等于 100),如果循环条件不成立,直接跳出整个 for 循环,执行后面的语句;如果循环条件成立,则执行循环体语句"sum=sum+i",然后执行表达式 3,使循环变量 i 加 1,再判断表达式 2 的循环条件,如此循环直至循环条件为假,整个 for 循环结束。

可以发现上述 for 语句的作用也是实现求 1~100 的和,与例 4.19 和 4.20 的作用相同。

在一般情况下,for 语句可以完全代替 while 语句,且 for 语句可用 while 语句表示如下:

```
表达式 1;
while(表达式 2)
{
    循环体语句
    表达式 3;
}
```

在使用 for 语句的过程中需要注意以下几点:

(1) 如果循环变量在 for 语句之前已经赋初值,则 for 语句中的"表达式 1"可以省略,但此时表达式 1 后面的分号";"不能省略。

例如:

```
int i=1;
for( ;i<=100;i++)                    /*提前给 i 赋初值,则表达式 1 可省略*/
    sum=sum+i;
```

（2）如果无须循环条件,希望循环无终止地进行,则"表达式 2"可以省略,此时表达式 2 的值默认为真,同样表达式 2 后面的分号";"不能省略。

例如：

```
for(i=1; ;i++)                        /*表达式 2 为真,循环条件始终成立,一直循环下去*/
    sum=sum+i;
```

（3）"表达式 3"也可以省略,但此时程序应使用其他方法保证循环能够正常结束,同样,表达式 2 后面的分号";"不能省略。

例如：

```
for(i=1;i<=100; )
{
    sum=sum+i;
    i++;                             /*表达式 3 省略,在此处改变循环变量*/
}
```

（4）省略"表达式 1"和"表达式 3",即只给循环条件。

例如：

```
for( ;i<=100;)
{
    sum=sum+i;
    i++;
}
```

相当于：

```
while(i<=100)
{
    sum=sum+i;
    i++;
}
```

（5）三个表达式都省略。

例如：

```
for(;;)
    语句
```

相当于：

```
while(1)
    语句
```

即不设初值,不判断条件(表达式 2 的值始终为真),循环变量的值不变,程序无终止地执行下去,形成死循环。

（6）表达式 1 可以是赋值表达式，也可以是其他表达式。

例如：

```
for(sum=0;i<=100;i++)                    /* 在表达式 1 中给变量 sum 赋初值 */
    sum=sum+i;
```

（7）表达式 1 和表达式 3 可以是简单表达式也可以是逗号表达式。

例如：

```
for(sum=0,i=1;i<=100;i++)        /* 表达式 1 为逗号表达式,分别给 sum、i 赋初值 */
    sum=sum+i;
```

或

```
for(i=0,j=100;i<=100;i++,j--)            /* 表达式 1 和表达式 3 为逗号表达式 */
    k=i+j;
```

（8）表达式 2 一般是关系表达式或逻辑表达式,但也可以是其他形式的表达式,只要其值为真（非 0）就执行循环体。

例如：

```
for(i=0;(c=getchar())!='\n';i+=c)
    ;                                    /* 循环体语句 */
```

上述语句的循环体为空语句。所有功能均在 for 语句的三个表达式中实现,在执行时,for 语句先利用表达式 2 中的赋值表达式"$c=getchar()$"从键盘接收一个字符赋给变量 c,并判断表达式"$c=getchar()$"的值是否等于换行符'\n',如果相等则循环直接结束,如果不等则求解表达式 3,并继续循环。因此,上述语句的作用就是不断输入字符并将它们的 ASCII 码值相加,直到输入换行符为止。

4.3.5 循环的嵌套

和 if 语句类似,循环语句也可以嵌套。在一个循环的循环体中包含另一个完整的循环结构就称为循环嵌套,其中嵌套在循环体内的循环称为内循环,外部的大循环称为外循环。如果内循环中还有嵌套循环,就构成了多层循环嵌套。

由 while、do…while 和 for 语句构成的循环可以相互嵌套。

例如：

```
(1) while()                    (2) do
    {                              {
        …                              …
        while()                        do
        {                              {
            …                              …
        }                              }while();
        …                              …
    }                              }while();
```

```
(3) for( ; ; )                          (4) while()
    {                                       {
        …                                       …
        for(;;)                                 for( ; ; )
        {                                       {
            …                                       …
        }                                       }
        …                                       …
    }                                       }
```

例 4.22　输出数字 0～7 的二进制编码。

程序分析：利用三层 for 循环嵌套实现。

程序如下：

```
#include<stdio.h>
int main(void)
{
    int i,j,k;                              /*变量的定义*/
    printf("数字0～7的二进制编码为：\n");
    for(i=0;i<2;i++)                        /*第1层循环,最外层循环*/
        for(j=0;j<2;j++)                    /*第2层循环*/
            for(k=0;k<2;k++)                /*第3层循环,最内层循环*/
                printf("%d\t%d\t%d\n",i,j,k);   /*输出,\t为制表位*/
    return 0;
}
```

程序运行结果如下：

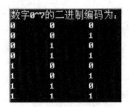

请读者认真分析上例使用的三层循环嵌套结构,并根据 for 语句的执行过程分析研究程序的运行结果。

4.3.6　break 语句和 continue 语句

1. break 语句

break 语句由关键字 break 和分号";"组成,常用于循环语句和 switch 语句,其一般形式如下：

```
break;
```

前面曾介绍过,在 switch 语句中使用 break 语句可以使程序跳出整个 switch 语句,继续执行 switch 后面的语句。

除上述作用以外,break 语句还常用于 while、do…while 和 for 语句构成的循环,其作用是结束整个循环,继续执行循环语句后面的语句。

例 4.23 break 语句程序示例。

程序分析:半径从 1 开始自增,计算圆面积,若圆面积大于 100 则计算结束。

程序如下:

```
#include <stdio.h>
#define PI 3.14                         /*定义符号常量 PI*/
int main(void)
{
    float r,area;                       /*变量的定义*/
    for(r=1;r<=10;r++)                  /*for 循环*/
    {
        area=PI*r*r;                    /*计算圆面积*/
        if(area>100)                    /*若 area 大于 100,则用 break 跳出循环*/
            break;
        printf("r=%g,area=%g\n",r,area); /*利用%g 输出半径 r 和圆面积 area*/
    }
    printf("The end");                  /*输出结束提示语*/
}
```

程序运行结果如下:

```
r=1,area=3.14
r=2,area=12.56
r=3,area=28.26
r=4,area=50.24
r=5,area=78.5
The end
```

通过分析上例可以发现,在 for 循环执行过程中一旦圆面积 area 大于 100,则执行 break 语句结束整个 for 循环,之后执行语句"printf("The end")"输出结束提示语。

在使用 break 语句时需要注意以下两点:

(1) 在多层循环中一个 break 语句只能跳出一层循环。

(2) break 语句不能用于循环语句和 switch 语句之外的任何其他语句。

2. continue 语句

continue 语句由关键字 continue 和分号";"组成,其作用是结束本次循环,继续执行下一次循环,即跳过本次循环中 continue 后面的语句直接执行下一次循环,其一般形式如下:

continue;

continue 语句只能在 while、do…while 和 for 语句构成的循环结构中使用,常与 if 语句一起用于加速循环过程。

注意,continue 语句的执行过程与 break 语句最大的不同之处在于 continue 语句只是结束本次循环,而不是结束整个循环;break 语句则是结束整个循环。

假设有两个 while 循环程序段,一个使用 continue 语句,一个使用 break 语句,如下所示：

（1）while(表达式 1)
    {
        …
        if(表达式 2)continue;
        …
    }

（2）while(表达式 1)
    {
        …
        if(表达式 2)break;
        …
    }

则这两个程序段的运行过程如图 4.12 所示。

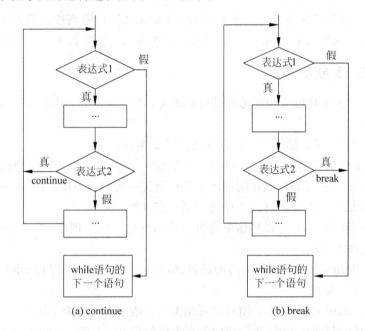

图 4.12　continue 语句和 break 语句不同的执行过程

例 4.24　continue 程序举例。

程序分析：输入 10 个数，求其中的正整数之和。

程序如下：

```c
#include<stdio.h>
int main(void)
{
    int a,i,num=0;
    float sum=0;
    printf("请输入十个数：\n");
    for(i=0;i<10;i++)                  /* 用 for 循环实现正整数求和 */
    {
        scanf("%d",&a);
        if(a<=0)                       /* 如果是 0 或负数,则用 continue 结束本次循环 */
            continue;
        num++;
```

```
        sum+=a;
    }
    printf("%d个正整数之和为：%g\n",num,sum);
    return 0;
}
```

程序运行结果如下：

```
请输入十个数：
1 2 3 4 5 -6 -7 -8 -9 -10
5个正整数之和为：15
```

在上例中，若 if 语句的条件满足则执行 continue 语句，即当输入数据为 0 或负数时执行 continue 语句结束本次循环（不对 0 和负数求和），直接进行下一次循环。

4.3.7　循环语句小结

前面共介绍了 4 种可以构成循环结构的语句，即 goto 语句、while 语句、do…while 语句和 for 语句。

在实际使用中，对于循环语句有以下几点需要注意：

（1）4 种循环均可用于处理同一问题，可以相互代替，但一般不建议使用 goto 语句。

（2）while 和 do…while 循环的循环变量初始化一般应在 while 和 do…while 语句之前完成，而 for 语句一般在表达式 1 中进行循环变量初始化。

（3）while 和 do…while 循环体中应包括使循环趋于结束的语句，而 for 语句一般在表达式 3 中实现此目的。

（4）在 4 种语句中，for 语句的功能最强、结构最简洁，凡是可以用 while 循环实现的用 for 语句也可以实现。

（5）while、do…while 和 for 循环均可用 break 语句跳出循环，用 continue 语句结束本次循环，而 if 语句和 goto 语句构成的循环无法使用 break 和 continue 语句。

4.3.8　循环结构程序举例

例 4.25　利用公式"$\pi/4 \approx 1-1/3+1/5-1/7+\cdots$"，求 π 的近似值，进行公式计算直到等号右侧最小项的绝对值小于等于 10^{-6} 为止。

程序分析：程序的 N-S 流程图如图 4.13 所示。

程序如下：

```
#include<stdio.h>
#include<math.h>
int main(void)
{
    int s;                          /*s为符号项*/
    float n,t,pi;                   /*n为分母，t表示求和的每一项，pi表示π*/
    t=1.0;
    pi=0;
    n=1.0;
    s=1;
```

```
while(fabs(t)> 1e−6)                    /* 若 t 大于 10⁻⁶,执行 while 循环,fabs()为求绝对值函
                                           数 */
    {
        pi＝pi＋t;
        n＝n＋2;
        s＝−s;
        t＝s/n;
    }
    pi＝pi＊4;
    printf("PI＝％10.6f\n",pi);
    return 0;
}
```

程序运行结果如下：

`PI＝ 3.141594`

上例利用公式实现了 π 的求解。通过观察公式可
知其为多个分式的和,因此可用一个变量 t 表示分式,
之后利用循环实现多个分式相加即可得 π/4。

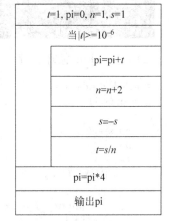

图 4.13　程序的 N-S 流程图

分式 t 由分子、分母和正负号组成,其中分子总为 1,分母为一个首项为 3、公差为 2
的等差数列,符号项为正负交替,这些均可在循环中借助变量实现。循环结束条件为"等
号右侧最小项的绝对值小于等于 10^{-6}",若条件成立则跳出循环,此时变量 pi 的值即为
π/4,最后利用"pi＝pi＊4"计算 π 的值。

例 4.26　输出 50～100 不能被 3 整除的整数。

程序分析：先利用循环遍历 50～100 的数,然后利用取余运算判断数据是否能被 3
整除,可用 while、do…while 和 for 语句分别实现此例。

（1）while 循环程序：

```
# include < stdio. h >
int main(void)
{
    int x＝50,i＝0;
    while(x<＝100)
    {
        if(x％3!＝0)                     /* 若 x 不能被 3 整除则输出 x */
        {
            printf("％5d",x);
            i++;
        }
        if(i％10==0)                    /* 每行输出 10 个数 */
            printf("\n");
        x++;
    }
    printf("\n");
    return 0;
}
```

程序运行结果如下：

```
50   52   53   55   56   58   59   61   62   64
65   67   68   70   71   73   74   76   77   79
80   82   83   85   86   88   89   91   92   94
95   97   98  100
```

(2) do…while 循环程序：

```c
#include <stdio.h>
int main(void)
{
    int x=50,i=0;
    do
    {
        if(x%3!=0)
        {
            printf("%5d",x);
            i++;
        }
        if(i%10==0)
            printf("\n");
        x++;
    }while(x<=100);
    printf("\n");
    return 0;
}
```

程序运行结果同上。

(3) for 循环程序：

```c
#include <stdio.h>
int main(void)
{
    int x,i=0;
    for(x=50;x<=100;x++)
    {
        if(x%3!=0)
        {
            printf("%5d",x);
            i++;
        }
        if(i%10==0)
            printf("\n");
    }
    printf("\n");
    return 0;
}
```

程序运行结果同上。

本例利用 while、do…while 和 for 三种循环实现了编程目的，三个程序的循环体均相同，请读者自行分析各段程序的运行过程。

第5章 数 组

前面介绍了整型、字符型、浮点型等基本数据类型,但在程序的编写过程中基本数据类型有时难以满足编程需要。因此,C 语言专门提供了更复杂的构造数据类型,包括数组类型、结构体类型和共用体类型。本章先介绍数组类型,其他两种构造数据类型后面再讲。

顾名思义,数组是有序数据的集合,可以是任何数据类型。数组中的元素属于同一数据类型,可以用统一的数组名和下标来唯一确定。当程序需要处理大量相同数据类型的数据时,数组可以使程序变得更简单、有效。例如当教师记录 50 名学生的身高时,如果用基本数据类型,需要定义 50 个变量与之一一对应,变量定义很烦琐。如果用数组则会简单很多,可以先定义一个长度为 50 的数组 heigh[50],然后用 heigh[0]~height[49] 记录所有学生的身高数据。

下面介绍数组的定义和使用方法。

5.1 一 维 数 组

5.1.1 一维数组的定义

C 语言中最常用的是一维数组,用于组织具有一维顺序关系的一组同类型数据,其定义格式如下:

类型说明符数组名[整型常量表达式];

例如:int a[5];

上述语句定义了一个名为 a 的整型数组,数组长度为 5,即该数组包括 5 个数组元素,分别是 $a[0]$、$a[1]$、$a[2]$、$a[3]$、$a[4]$。注意,数组的下标从 0 开始。

在一维数组的定义中:

(1) 类型说明符定义了数组元素的数据类型。同一个数组的所有元素的数据类型相同,可以是 int、char、float 等基本数据类型,也可以是结构体、共用体等类型。

（2）数组名是用户自定义的，命名规则遵循标识符命名规则。在同一函数中，数组名不能与其他局部变量名相同，如下面的定义是非法的。

    int a; float a[5];   /＊非法,数组名与变量名相同＊/

（3）"[]"中的整型常量表达式用于定义数组长度，即数组中的元素个数。该表达式可以是常量也可以是符号常量，但不能是变量，因为 C 语言不允许动态定义数组。例如下面的定义是非法的。

    int n＝5; int a[n];   /＊非法,"[]"中不允许用变量＊/

在 C 语言中，**数组名是一个常量，其值为数组首元素的地址**。简单来说，"**数组名就是数组首元素的地址**"。当一个数组被定义后，系统会根据数组类型和数组长度为其分配一块内存用于存储数组元素，而数组名就是该片内存的首地址，也叫起始地址。

例如：

int a[5];

上述语句定义了长度为 5 的整型数组，程序运行时，数组元素在内存中根据数据类型按顺序排列。在 VC++ 6.0 中，一个 int 型数据占 4 个字节，所以数组 a 在内存中会进行如图 5.1 所示的排列（假设从 2000H 开始存储，H 表示该数为十六进制数）。

图 5.1   数组 a 在内存中的排列

如图 5.1 所示，数组名 a 就是数组首元素 a[0] 在内存中的地址"2000H"，是一个表示地址的常量。

数组元素可以赋值，可以输出。任何可以出现变量的地方都可以使用同类型的数组元素。

5.1.2 一维数组的初始化

通常对数组元素赋值可以采用两种方法，一种是先定义数组，然后用赋值语句或输入语句给数组中的元素赋值（详见例 5.2）；另一种是在定义数组的同时给数组元素赋值，也叫数组初始化。下面重点介绍一维数组的初始化方法和注意事项。

数组的初始化是在程序编译阶段进行的，这样能够减少程序的运行时间，提高效率。

一维数组的初始化格式如下：

类型说明符数组名[整型常量表达式]＝{初值列表};

初值列表中的数值要用逗号隔开。

例如：

int a[5]={1,2,3,4,5};

上述语句将列表中的初值按顺序赋给数组 *a* 中的元素，经过初始化后，*a*[0]＝1，*a*[1]＝2，*a*[2]＝3，*a*[3]＝4，*a*[4]＝5。

在对数组初始化时需要注意以下几点：

(1) 初值列表中的初值个数不能多于数组元素个数。

(2) 可以只给部分元素赋初值。当初值列表中的值少于元素个数时只给前面部分元素赋值，例如：

int a[10]={0,1,2,3,4};

上述语句只给 *a*[0]～*a*[4] 这 5 个元素赋初值，后面的 *a*[5]～*a*[9] 由系统自动赋值为 0。

(3) 数组初始化只能给数组元素逐个赋值，不能给数组整体赋值。例如：

```
int a[5]=1;                        /* 格式错误,缺"{}" */
int a[5]={1,2,3,4,5}, b[5]; b=a;   /* 错误,不能直接用数组 a 给数组 b 赋值 */
```

(4) 数组在定义后如果不赋初值，根据编译器的不同，数组元素可能是随机数，也可能是系统默认值。

5.1.3 一维数组的引用

与基本数据类型相同，数组也必须"先定义，后使用"，且 C 语言规定只能逐个引用数组元素，不允许对数组进行整体引用。

一维数组元素的引用格式如下：

数组名称[下标]

下标可以是整型常量、整型变量或整型表达式。例如：

int a[10], n=1;

在定义上述数组 *a* 和变量 *n* 后，*a*[0]、*a*[n]、*a*[n+1]、*a*[0]＝*a*[1]＋*a*[2]＋*a*[1*3] 都是对数组元素的引用。

用户要注意数组元素引用与数组定义的区别，例如：

```
int a[5];       /* 定义一个长度为 5 的整型数组 */
x=a[5];         /* 引用数组 a 中的第 6 个元素,并将其值赋给变量 x */
```

5.1.4 一维数组程序举例

例 5.1 定义一个长度为 5 的整型数组 math 存放 5 个学生的数学成绩，并计算 5 个学生的总成绩和平均成绩。

程序如下：

```
# include < stdio. h >
int main(void)
```

```
{
    int i,math[5]={60,70,80,90,100};
    float average, sum=0;
    for(i=0;i<5;i++)
        sum=sum+math[i];
    average=sum/5;
    printf("五个学生的数学成绩是: ");
    for(i=0;i<5;i++)
        printf("%d,",math[i]);
    printf("\n");
    printf("平均成绩是: ");
    printf("%.2f\n",average);
    return 0;
}
```

上例在定义数组 math 的同时对数组进行了初始化。5 名学生的总成绩 sum 的计算在 for 循环语句中完成。注意,变量 sum 在定义的同时要赋初值 0。

程序运行结果如下:

```
五个学生的数学成绩是: 60,70,80,90,100,
平均成绩是: 80.00
```

例 5.2 定义一个长度为 10 的整型数组 a,使 $a[0]$~$a[9]$ 的值为 0~9,然后顺序输出。

程序如下:

```
#include <stdio.h>
int main(void)
{
    int i,a[10];
    for (i=0;i<=9;i++)
        a[i]=i;
    for(i=0;i<=9;i++)
        printf("%d ",a[i]);
    printf("\n");
    return 0;
}
```

程序运行结果如下:

```
0 1 2 3 4 5 6 7 8 9
```

上例未使用数组初始化,而是先定义数组,然后利用 for 语句给 10 个数组元素逐一赋值。

例 5.3 输入 10 个整数,用冒泡法将它们从小到大排序并输出。

算法分析:冒泡法是一种经典的排序算法,执行步骤如下。

step0:设有 n 个数,从前向后对相邻的两个数进行逐次比较,将小数交换到前面,大数交换到后面。经过 $n-1$ 次比较后,最大的数被交换到最后并固定下来,不再参与后续比较。

step1：对前面剩下的 $n-1$ 个数继续进行步骤 0 中的两两逐次比较，经过 $n-2$ 次比较后第 2 大的数被交换到倒数第 2 个位置并固定下来，不再参与后续比较。

step2：对前面剩下的 $n-2$ 个数继续进行步骤 0 中的两两逐次比较，经过 $n-3$ 次比较后第 3 大的数被交换到倒数第 3 个位置并固定下来，不再参与后续比较。

……

step$j$：对前面剩下的 $n-j$ 个数进行两两逐次比较，经过 $n-j-1$ 次比较后第 $j+1$ 大的数被固定至倒数第 $j+1$ 个位置上。

……

step$n$：对最后剩下的两个数进行比较，较小的数固定在第 1 个位置，较大的数固定在第 2 个位置。至此，n 个数均按照从小到大的顺序排列完毕。

综上所述，如果把第 1 个数的位置视为水面，将最后一个数的位置视为水底，那么冒泡法的排序过程其实就是一个大数沉底的过程（也可理解为小数上浮的过程）。为实现这一过程，需要用到双层循环嵌套，其中外循环对应 n 次的大数沉底，内循环对应每次大数沉底过程中数组元素的两两逐次比较，N-S 流程图如图 5.2 所示。

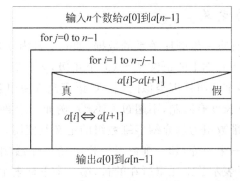

图 5.2　冒泡法 N-S 流程图

程序如下：

```
#include <stdio.h>
int main(void)
{
    int a[10];
    int i,j,t;
    printf("input 10 numbers :\n");
    for (i=0;i<10;i++)
        scanf("%d",&a[i]);
    printf("\n");

    for(j=0;j<9;j++)             /* 外循环 9 次,对应 9 次大数沉底过程 */
        for(i=0;i<9-j;i++)       /* 内循环 9-j 次,对应大数沉底时元素两两比较过程 */
            if (a[i]>a[i+1])     /* 相邻两个数组元素比大小 */
            {
                t=a[i];          /* 如果 a[i]大于 a[i+1],两数互换位置 */
                a[i]=a[i+1];
```

```
                    a[i+1]=t;
                }

        printf("ascending series:\n");
        for(i=0;i<10;i++)
            printf("%d ",a[i]);
        printf("\n");
        return 0;
}
```

程序运行结果如下：

```
input 10 numbers :
12 35 69 87 4 5 81 18 9 11

ascending series:
4 5 9 11 12 18 35 69 81 87
```

5.2 二 维 数 组

5.2.1 二维数组的定义

一维数组可以处理具有一维顺序关系的数据，如一个班内 n 名同学的语文成绩，但如果用一维数组处理学校所有学生的语文成绩（x 个年级，y 个班，每班 z 个人），其过程就稍显烦琐，因此可以用多维数组处理类似问题。C 语言允许使用多维数组，且对数组的维数没有限制（只对数组总长度有限制，不超过 64KB），例如二维数组、三维数组、四维数组等。下面以最简单的二维数组为例介绍多维数组的定义及使用。

二维数组可以看成一个矩阵，和一维数组一样，用统一的数组名表示，每个数组元素有两个下标，第 1 个下标表示数组元素所在的行，第 2 个下标表示数组元素所在的列。

二维数组的定义格式如下：

类型说明符   数组名[整型常量表达式 1][整型常量表达式 2]；

其中，类型说明符用于定义数组元素的数据类型，整型常量表达式 1 用于指定二维数组的行数，整型常量表达式 2 用于指定二维数组的列数。

例如：

int a[2][3];

上述语句定义了一个 2 行 3 列的整型二维数组 a。该数组由 6 个整型数组元素构成，每个数组元素有两个下标，分别是 $a[0][0]$、$a[0][1]$、$a[0][2]$、$a[1][0]$、$a[1][1]$、$a[1][2]$。如果用矩阵表示，此二维数组可表示如下。

$$\begin{bmatrix} a[0][0] & a[0][1] & a[0][2] \\ a[1][0] & a[1][1] & a[1][2] \end{bmatrix}$$

它们在内存中的排列如图 5.3 所示。

可以看到，二维数组在内存中是按行存放的，即先顺序放置第 1 行的所有元素，再顺序放置第 2 行的所有元素。

因此,在 C 语言中为方便理解,可以把二维数组看成一种"特殊的一维数组"。这个一维数组的每一个元素都是"行元素",每个行元素代表二维数组的一行,所以每个行元素又各是一个一维数组(数组元素为列元素)。例如,$a[2][3]$ 有 2 行 3 列,它的每一行都可以看成一个行元素,因此数组 $a[2][3]$ 可以看成由两个行元素 $a[0]$ 和 $a[1]$ 构成的一维数组。其中,行元素 $a[0]$ 是一个一维数组,包含元素 $a[0][0]$、$a[0][1]$、$a[0][2]$;行元素 $a[1]$ 也是一个一维数组,包含元素 $a[1][0]$、$a[1][1]$、$a[1][2]$。

$a[0][0]$
$a[0][1]$
$a[0][2]$
$a[1][0]$
$a[1][1]$
$a[1][2]$

图 5.3　二维数组在内存中的排列

在使用二维数组时需要注意以下几点:

(1) 在定义二维数组时,第 1 个下标表示数组的行数,第 2 个下标表示数组的列数。

(2) 二维数组的每个数组元素的数据类型都相同,都有两个下标,且必须放在单独的 [] 中,一个代表元素所在的行,一个代表元素所在的列。

(3) 在编译过程中对数组定义的阅读顺序是这样的,从数组名开始向右阅读,每次一对方括号,读完最后一对方括号后跳转到数组定义的开始位置以确定数组元素的数据类型。

(4) 二维数组在内存中按行排列,每一行都可以看成一个行元素(注意,"行元素"这一说法其实并不确切,只是为方便读者理解二维数组的存储情况提出的非正式说法,后面在指针一章会详细解释)。

5.2.2　二维数组的初始化

二维数组的初始化有以下几种方法。

(1) 分行给二维数组的所有元素赋初值。

例如:

int a[2][3]={{1,2,3},{4,5,6}};

这种方法是对数组中的所有元素按行逐个赋初值,每行每列的赋值情况一目了然,适合初学者使用。

(2) 不分行给二维数组的所有元素赋初值。

例如:

int a[2][3]={1,2,3,4,5,6};

这种方法也是对数组中的所有元素赋初值,但没有按行划分,如果数据较多容易出现遗漏,程序查错很难。一般不建议初学者使用。

(3) 省略第一维的长度给二维数组的所有元素赋初值。

例如:

int a[][3]={{1,2,3},{4,5,6}};

或者

int a[][3]={1,2,3,4,5,6};

按照这种方法,编译器会根据数组元素的总个数和第二维的长度自动计算第一维的长度。上述数组有 6 个元素,每行有 3 列,因此行数为 2。注意,在用此方法进行二维数组的初始化时第一维的长度可以省略,但第二维的长度不能省略。

(4) 给二维数组的部分元素赋初值。

例如:

int a[2][3]={{1,2},{4}};

当某行大括号中的初值个数少于该行的元素个数时系统会自动给该行的剩余元素赋 0。即上例相当于:

int a[2][3]={{1,2,0},{4,0,0}};

5.2.3 二维数组的引用

二维数组元素的引用格式如下:

数组名[下标1][下标2]

其中,下标可以是整型常量、整型变量或整型表达式。

例如:

int a[4][5], b[2][2]={1,2,3,4}, i, j;

该语句定义了整型二维数组 a 和 b、整型变量 i 和 j,$a[0][0]$、$a[1][1+2]$、$a[i][j]$、$a[0][0]=b[1][1]+2$ 都是对二维数组元素的引用。

在引用二维数组时同样要注意数组定义和数组元素引用的区别,注意二维数组的双下标都是从 0 开始的,即二维数组的行号和列号均从 0 开始。

在引用二维数组时以下写法都是错误的:

int a[3,4];   /* 在定义或引用二维数组时,双下标必须分别放入两个[]
                                 中 */
float b[3][4]; b[3][4]=1.2;   /* 根据定义二维数组 b 是 3 行 4 列,而 b[3][4]位于第 4 行
                                 的第 5 列,超出了数组的定义范围 */

5.2.4 二维数组程序举例

例 5.4 一个 4 人学习小组,每人有语文、数学、英语三门成绩,求各人的平均成绩。4 人的各科成绩如表 5.1 所示。

表 5.1 4 人的各科成绩

	语文	数学	英语
小赵	70	80	90
小钱	75	85	85
小孙	90	80	80
小李	95	90	85

　　程序分析：可以定义一个二维数组 a[4][3]存放 4 个人的三门课的成绩,每一行对应一名学生的三科成绩。使用双层循环嵌套计算每个学生的平均成绩,其中外层控制行,一行对应一个学生,4 个学生需循环 4 次。内层控制列,用于求每个人的平均成绩,三门课程需循环 3 次。

　　程序如下：

```
# include < stdio. h >
int main(void)
{
    int nScore[4][3], row, column;      /* 定义 4×3 二维数组,row 为行、column 为列 */
    float average[4], sum=0;            /* 定义浮点型一维数组存平均成绩,sum 用于计算
                                           个人总成绩 */
    printf("请输入学生成绩: \n");

    for(row=0;row<4;row++)              /* 双层循环嵌套,外循环对应行,即 4 个人 */
    {
        for(column=0,sum=0;column<3;column++)    /* 内循环求每人的平均成绩 */
        {                                        /* sum 每次用完后要清零 */
            scanf("%d", &nScore[row][column]);
            sum=sum+nScore[row][column];               /* 求每人的总成绩 */
        }
        average[row]=sum/3;            /* 求每人的平均成绩 */
    }

    for(row=0;row<4;row++)
        printf("第%d 个学生的平均成绩是%3.1f\n",row+1,average[row]);
    return 0;
}
```

程序运行结果如下：

　　例 5.5　找出 3×4 矩阵中的最大值,并输出其所在的行号和列号。

　　程序分析：利用二维数组和双层循环嵌套来解决此问题。二维数组存放矩阵数据,循环嵌套控制数组元素两两比较寻找最大值,并输出其所在的行号和列号。

　　程序如下：

```
# include < stdio. h >
int main(void)
{
    int i,j,row=0,column=0,max;     /* row 为行,column 为列,max 为最大值 */
    int a[3][4]={{1,2,3,4},{9,8,7,6},{-10,10,-5,2}};      /* 数组的初始化 */
```

```
        max=a[0][0];                    /* 将 a[0][0] 赋给 max */
        for (i=0;i<=2;i++)              /* 双层循环嵌套,将 max 和数组元素逐个比较 */
            for (j=0;j<=3;j++)
                if (a[i][j]>max)        /* 如果数组元素大于 max,则给 max 赋该数值 */
                {
                    max=a[i][j];
                    row=i;
                    column=j;
                }
        printf("max=%d,row=%d,column=%d\n",max,row+1,column+1);
        return 0;
}
```

程序运行结果如下:

```
max=10, row=3, column=2
```

5.3 字 符 数 组

用于存放字符型数据的数组称为字符数组,它的每个元素都是单个字符。字符数组同样可分为一维字符数组和多维字符数组。一维字符数组通常用于存放一个字符串。二维字符数组可存放多个字符串,可以看成"特殊的一维字符串数组",即每个数组元素都是一个字符串。

5.3.1 字符数组的定义、初始化和引用

1. 字符数组的定义

字符数组和数值型数组的定义方法类似,只是数据类型为 char。
例如:

```
char c[10];                    /* 定义一个字符数组 c,数组长度为 10 */
char str[3][4];                /* 定义一个 3 行 4 列的二维字符数组 str */
```

2. 字符数组的初始化

和数值型数组的初始化一样,字符数组可以逐个字符赋初值,也可以分行赋初值。
例如:

```
char a[5]={'H', 'l', 'l', 'l', 'o' };
char str[2][3]={{'a', 'b', 'c'}, {'d', 'e', 'f'}};
```

在字符数组初始化后,未赋初值的元素将被系统初始化为空字符"NULL"。
例如:

```
char c[10]= {'H', 'l', 'l', 'l', 'o' };
```

利用上述语句对字符数组 c 定义后,前 5 个数组元素分别是 'H' 'l' 'l' 'l' 'o',后面 5

个数组元素被系统初始化为"NULL"。

3. 字符数组的引用

字符数组中的每一个元素都可以单独作为字符变量来引用。

例 5.6　输出一行字符"Hello World!"。

程序如下：

```
# include< stdio. h >
int main(void)
{
    char str[12]={'H','e','l','l','o',' ','W','o','r','l','d','!'};
    int i;
    for(i=0;i<12;i++)
        printf("%c",str[i]);              /* 每一个字符数组元素 str[i]都作为字符变量被引用 */
    printf("\n");
    return 0;
}
```

程序运行结果如下：

`Hello World!`

5.3.2　字符串

字符串是用双引号括起来的字符序列,例如"Hello!" "I am a boy. "等。

在 C 语言中,字符串是用字符数组来处理的。为测量字符串的长度方便,C 语言规定每个字符串都要以标志'\0'结束,因此在定义字符数组存储字符串时必须保证字符数组的长度比字符串的长度至少多一个,用于存放字符串结束标志'\0'。'\0'只是一个"空操作符",它什么也不做,只是一个系统辨别标志,是由系统自动添加的,无须人工处理。

C 语言允许以字符串为初值对字符数组进行初始化,此时数组的长度可以省略,大括号也可以省略。

例如：

```
char str[]={"Hello!"};
char str[]="Hello!";
```

但要注意,以上两个语句和下面的语句是不同的。

```
char str[]= {'H','e','l','l','o','!'};
```

字符串初始化语句"char str[]={"Hello!"};"定义了一个字符数组 str,用于存放字符串,数组长度为 7,前 6 个数组元素用于存储字符串中的 6 个字符,最后一个数组元素用于存放字符串结束标志'\0'(系统自动添加),其存储情况如下。

| H | e | l | l | o | ! | \0 |

而"char str[]= {'H', 'e', 'l', 'l', 'o', '!'};"定义了一个长度为 6 的字符数组 str,
用于存放初值列表中的 6 个字符,其存储情况如下。

H	e	l	l	o	!

在使用字符串对字符数组进行初始化时需要注意以下几点:

(1) 利用字符串给字符数组赋初值只能在字符数组初始化时进行,不允许在程序执
行语句中将字符串赋给字符数组。如果希望在执行语句中将字符串常量赋给字符数组,
应使用字符处理函数或循环语句。例如:

```
char str[7];
str="Hello!";                        /*错误的赋值语句*/
```

(2) 字符串长度不能大于或等于字符数组长度。

(3) 如果字符串长度小于数组长度两个以上(包含两个),在字符串结束标志'\0'之后
的元素均被初始化为'\0'。

5.3.3   字符串的输入与输出

字符串的输入与输出有两种方法。

1. 单字符的输入与输出

利用 scanf 或 printf 可以输入或输出字符串中的任一字符,也可以利用循环语句完
成单字符的输入与输出处理。
例如:

```
char str[]="string output";
int i;
printf("%c,%c",str[0],str[6]);       /*输出指定字符 str[0]和 str[6]*/
for(i=0,str[i]!='\0';i++)
    printf("%c",str[i]);             /*循环控制输出字符串*/
```

如果需要保存输入的字符串,则需利用数组的某个元素保存结束符'\0',手动添加字
符串结束标志。
例如:

```
char a[10];
int i;
scanf("%c%c%c",&a[0],&a[3],&a[6]);   /*输入指定字符*/
for(i=0,i<9;i++)
    sacnf("%c",&a[i]);               /*循环控制输入字符串*/
a[9]='\0';                           /*需要指定字符串结束标志*/
```

2. 字符串格式化输入与输出

使用 printf 函数的格式控制符"%s"可以将一个字符串整体输出。
例如:

```
char str[]="string output";
printf("%s", str);
```

printf 函数会逐个读取字符串中的字符直到遇到结束符'\0'为止。如果一个字符串中有多个'/0',则以遇到的第 1 个'/0'为字符串结束符。'\0'作为结束符只是一个标志,不会被系统输出显示。

由于数组名本身代表数组的首地址,因此使用 scanf 以格式说明符%s 输入字符串时字符数组名不需要附加地址运算符'&',编译器自动将其作为指针处理。scanf 函数在字符串读入结束时会在字符串末尾自动加上'\0'结束符。

例如:

```
char str[10];
scanf("%s",str);
```

在执行上述语句时,若用户输入 Hello 并按回车键,5 个字符会被保存到 str[0]~str[4] 中,同时系统会在 str[5] 中自动添加'/0',表示字符串输入结束,剩余数组元素 str[6]~str[9] 被自动填充'/0'。因此,上述语句执行后数组 str 中的内容如下。

H	e	l	l	o	\0	\0	\0	\0	\0

scanf 函数利用"%s"输入字符串存在一些不足。当遇到空格时,scanf 函数的输入操作会自动终止,因此使用 scanf 函数无法输入包含空格的字符串。

例如:利用 scanf 函数输入一句话"Hello World!",必须要定义两个字符串。

```
char str1[],str2[];
sacnf("%s%s",str1,str2);
```

在执行上述语句时,当输完"Hello"再输入空格"␣"时,scanf 会认为数组 str1 输入完毕,接下来会进行数组 str2 的输入,即"World!"被输入到数组 str2 中。

若编写以下语句:

```
char str[];
scanf("%s",str);
```

在执行时,如果连续输入"Hello World!",数组 str 最终只会存储"Hello",其余内容被忽略。

5.3.4 字符串处理函数

为方便字符串处理,C 函数库提供了一些字符串处理函数,较常用的有以下几种。

1. puts 函数

格式:

puts(字符数组)

其作用是将一个字符串输出到终端,并在输出完成时将'\0'自动转换成换行符,执行换行操作。小括号中的字符数组也可以是字符串常量。

例如：

```
char str[]={"Hello World!"};
puts(str);                    /* 输出 Hello World! */
puts("Hello World!");         /* 输出 Hello World! */
```

2. gets 函数

格式：

gets(字符数组)

其作用是从终端输入一个字符串到字符数组,并得到一个函数值。该函数值是字符数组的起始地址。gets 函数以按回车键符作为输入的结束,并存储'\0',因此它可以处理具有空格的字符串。

例如：

```
char a[];
gets(a);
```

在上述语句执行时,用户可在终端连续输入"Hello World!",直到输入按回车键符,gets 函数结束字符串的输入,并为数组 *a* 添加结束符'\0'。

注意,puts 和 gets 函数只能输入或输出一个字符串,且输入字符的数目不能大于字符数组的长度。

例如：

```
puts(str1,str2);              /* 非法 */
gets(str1,str2);              /* 非法 */
```

3. strcat 函数

格式：

strcat(字符数组 1,字符数组 2)

其作用是连接两个字符数组中的字符串,把字符串 2 接到字符串 1 后面,结果存放到字符数组 1 中,并得到一个函数值(字符数组 1 的地址)。

例如：

```
char str1[20]="Hello ";
char str2[]="World";
strcat(str1,str2);
printf("%s",str1);
```

程序运行结果为 Hello World。

连接前的数组情况如下：

str1:	H	e	l	l	o	␣	\0	\0	\0	\0	\0	\0	\0	\0	\0
str2:	W	o	r	l	d	\0	\0	\0	\0	\0	\0	\0	\0	\0	\0

连接后的数组情况如下：

str1:	H	e	l	l	o	␣	W	o	r	l	d	\0	\0	\0	\0

在使用 strcat 函数时需要注意两点，首先字符数组 1 必须足够容纳连接后的新字符串；其次，连接前两个字符串后面都有'\0'，连接后字符串 1 后的'\0'取消，只在新字符串的最后保留'\0'。

4. strcpy 函数

格式：

strcpy(字数数组 1，字符串 2)

其作用是将字符串 2 复制到字符数组 1 中，包括结尾的字符串结束符'\0'。字符串 2 可以是字符串常量或字符数组变量。

例如：

```
char str1[10], str2[]="Hello";
strcpy(str1,str2);
```

在上述语句执行后，字符串"Hello"被复制到 str1 中，str1[0]到 str1[4]分别是'H' 'e' 'l' 'l'和'o'，str1[5]中是被复制过去的字符串结束符'\0'，str[6]到 str[9]与之前相同，未初始化，其内容无法预知。

5. strncpy 函数

格式：

strncpy(字符数组 1，字符串 2，n)

其作用是将字符串 2 中最前面的 n 个字符复制到字符数组 1 中，取代其原有的前 n 个字符，n 为整型常量表达式。在使用 strncpy 函数时需要注意每次复制的字符个数不能多于字符数组 1 中原有的字符个数(不包括'\0')。

6. strcmp 函数

格式：

strcmp(字符串 1，字符串 2)

其作用是比较字符串 1 和字符串 2 的大小，并产生一个函数值返回。若两个字符串相等，函数值为 0；若字符串 1 大于字符串 2，函数值为正整数；若字符串 1 小于字符串 2，函数值为负整数。字符串的比较方法是将两个字符串自左至右逐个比较字符的 ASCII

码值的大小,直到出现不同的字符或遇到'\0'为止。如果两个字符串的所有字符都相同,则认为两者相等;如果出现不相同的字符,以第 1 个不同字符的比较结果为准。

例如:

```
char str[] = "C Language";
int num;
num = strcmp(str, "C Language");
```

注意,两个字符串在比较时不能直接比较。

例如:

```
if(str1 < str2)              /* str1 和 str2 是数组名,对应数组的首地址,两者不可能相等 */
    printf("right");
```

正确形式如下:

```
if(strcmp(str1,str2) < 0)
    printf("right");
```

7. strlen 函数

格式:

strlen(字符数组)

其作用是测量字符数组的实际长度(不包括'\0'),并将其作为函数值返回。

例如:

```
int x;
char str[6] = {"Hello"};             /* 定义长度为 6 的字符数组 str */
x = strlen(str);                     /* 用 strlen 函数测量数组 str 的长度,并赋给 x */
```

如果运行上述语句,可发现 x 的值为 5,而不是 6。因为 strlen 测量的是字符数组的实际长度,不包括结束符'\0'。

8. strlwr 函数

格式:

strlwr(字符串)

其作用是将字符串中的所有大写字母转换成小写字母。

9. strupr 函数

格式:

strupr(字符串)

其作用是将字符串中的所有小写字母转换成大写字母。

5.3.5 字符串程序举例

例 5.7 从键盘输入两个字符串,先比较其大小,然后将两者连接在一起输出。

程序分析:字符串的输入可以用 scanf 函数或 puts 函数,如果字符串包含空格则只能用 puts 函数。

程序如下:

```
#include<string.h>
#include<stdio.h>
int main(void)
{
    int i,result;
    char str1[20],str2[10];              /* str1 将存放连接后的新字符串,长度要足够 */
    printf("please enter str1:\n");

    gets(str1);                          /* 用 ges 输入字符串 1,可包含空格,回车结束 */

    printf("please enter str2:\n");

    gets(str2);                          /* 用 gets 输入字符串 2,可包含空格,回车结束 */

    printf("\n");

    result=strcmp(str1,str2);            /* 用 strcmp 比较字符串 1 和 2,将结果赋给 result */

    if(result==0)                        /* 字符串相等 */
        printf("str1=str2\n");
    else if(result>0)                    /* str1 大于 str2 */
        printf("str1>str2\n");
    else                                 /* str1 大于 str2 */
        printf("str1<str2\n");
    printf("\n");

    strcat(str1,str2);                   /* 用 strcat 连接两个字符串并放入 str1 中 */

    printf("The new string is:\n");

    puts(str1);                          /* 利用 puts 输出字符串 str1 */

    return 0;
}
```

程序运行结果如下:

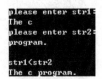

上例中应用了多个字符串处理函数,请读者认真体会它们的用法。

第6章 函　数

6.1　函　数　概　述

对于函数,在第 1 章介绍 C 语言程序结构时曾提到以下几点:

(1) 函数是 C 语言的基本单元,C 程序的具体功能都是由函数实现的。

(2) 一个 C 程序有且只有一个主函数 main,但可以包含若干个其他函数。

(3) 程序要实现某一特定功能可以调用某个函数,即函数可以被调用,且被调函数可以是系统提供的标准库函数,也可以是用户自己设计的函数。

(4) 函数由函数首部和函数体两部分组成。

除此之外,对于函数还可以补充以下几点:

(1) 函数和变量一样遵循"先定义,后使用"的原则。

(2) 函数是命名的,每个函数都有唯一的名称,在程序的其他部分使用该名称可以执行函数中的语句,完成某种任务,这称为"函数调用"。C 语言允许在一个函数中调用另一个函数。

(3) 函数执行特定的任务,任务是指程序运行时需要完成的具体工作,例如在屏幕上显示一个语句,从键盘输入一行字符,对不同数字进行排序,进行数值计算等。

(4) 函数可以产生一个值返回给调用它的程序。如果程序调用某一个函数,根据函数功能,函数可能会产生一个返回值,也可能不产生返回值,这由被调函数的定义决定。

(5) 在程序中使用函数有助于结构化编程。在第 2 章介绍结构化程序设计方法时曾经提到某一个复杂问题的解决可以自上而下细化为多个更小、更简单的任务。如果在程序设计中利用函数完成具体任务就实现了结构化编程。

6.2　函数的类别

在 C 语言中,从用户使用的角度看,函数可分为库函数和用户自定义函数。

6.2.1　库函数

库函数是由软件开发组织或个人开发的包含特定功能函数的函数集合,一般由编译器提供。C 语言拥有丰富的库函数,功能各不相同。这些库函数被分为不同的库,每个库都有一个头文件。用户使用库函数无须再自行定义,只需在程序中用预处理命令"♯include"包含其对应的头文件即可,如前面一直使用的格式输出函数 printf 和格式输入函数 scanf。

库函数是一些被验证的、高效率的函数,在进行程序设计时应优先选用库函数。

6.2.2　用户自定义函数

用户自定义函数是用户根据实际需求按照 C 语言规则自己编写的函数,需在定义后才能使用。下面详细介绍函数的定义和使用。

6.3　函数的定义

函数由函数首部和函数体构成。函数首部也叫函数头,用于说明函数的返回值类型、函数名称和函数的形式参数。函数体包括声明语句和执行语句,是放在函数头后面的一对"{ }"中的所有代码。函数体中的语句就是该函数所做的事。

注意,对于函数定义而言,每个函数只能被定义一次,但可以被多次"声明"或"调用"。

函数的定义格式如下:

返回值类型　函数名(形式参数列表)
```
{
    声明部分
    语句部分
}
```

其中:

(1) 返回值类型定义了函数返回值的数据类型。除主函数 main 的返回值被规定为 int 型以外,其他自定义函数的返回值类型由用户根据需要自行定义,可以是各种数据类型。如果明确函数不需要返回值,也可以将返回值类型定义为"void",即"空类型"。

(2) 函数名需满足 C 语言标识符的定义规则,尽量做到"见名知意"。

(3) 形式参数列表简称"形参列表",用于说明函数被调用时主调函数应向被调函数传递的数据要求(参数类型、参数个数和参数顺序)。

(4) 声明部分应包括对函数所用变量进行的定义性声明或引用性声明,以及对拟调用函数进行的引用性的函数声明(后续章节会详细讨论)。

(5) 语句部分是实现函数功能的语句序列。

(6) 函数首部不是语句,后面不加分号。

(7) 在函数中几乎可以包含任何语句,但函数中唯一不能做的是定义另一个函数。

（8）C 语言对函数长度没有限制,但从结构化编程考虑,自定义函数不宜过长(在实际编程中函数很少超过 25～30 行)。如果函数很长,代表函数执行的任务可能过多,可以将其分成更小的任务,由更多的函数去完成。

例如:

```
int max(int x, int y)          /* 函数首部,包括函数名、函数返回值类型及形参列表 */
{                              /* 函数体 */
    int z;                    /* 声明语句,定义整型变量 z */
    z=x>y?x:y;                /* 执行语句,将 x 和 y 中的较大者赋给 z */
    return z;                 /* 执行语句,将 z 作为函数返回值返回主调函数 */
}
```

通过分析可以发现上例是一个求两数中较大数的函数。第 1 行是函数首部,其中 max 是函数名称;int 说明此函数执行完毕后会向主调函数返回一个 int 型数据;小括号里的内容是形参列表,说明此函数在使用时主调函数需要向它传递两个整型数据,且这两个数将按照传递的先后顺序分别赋给形参 x 和形参 y;大括号“{}”中的内容是函数体,其中声明语句“int z;”用于定义函数将使用的变量 z,之后的执行语句“z=x>y? x:y;”用于实现函数功能,即求两个数中的较大数,并将其赋给 z;最后的执行语句“return z;”用于产生函数返回值,z 作为函数返回值被返回给主调函数。需要注意,返回值 z 的数据类型应与函数首部中的函数返回值的类型保持一致,若两者不一致,则以函数返回值的类型为准,即编译器自动将 return 语句中的表达式的值转换成函数返回值类型。

6.3.1　无参函数的定义

根据函数调用时主调函数是否向被调函数传递参数,函数可分为无参函数和有参函数。

无参函数一般用来执行特定的一组操作,无须参数传递,且以不产生函数返回值的居多。

无参函数的定义格式如下:

返回值类型 函数名()
{
　　声明部分
　　语句部分
}

例如:

```
void printstar()
{
    printf(" ********* \n");
}
```

在上例中,函数 printstar 是一个无参函数,其作用是输出一行共计 10 个“ * ”号并换行。函数名为 printstar,函数返回值为空类型“void”,即不产生函数返回值。可以看到,函数 printstar 无形参列表,但函数名后的一对小括号“()”不能省略。函数体只包含一个执行语句,该语句用于输出一行"＊"号。

6.3.2　有参函数的定义

在函数被调用时,主调函数向被调函数传递数据的称为有参函数。

有参函数的定义格式如下:

返回值类型　函数名(形式参数列表)
{
　　声明部分
　　语句部分
}

前面介绍的函数 max 就是典型的有参函数,这里不再赘述。

例如:

```
int add(int x, int y)              /＊定义函数 add＊/
{
    int z;                         /＊定义整型变量 z＊/
    z＝x＋y;                        /＊将 x 与 y 之和赋给 z＊/
    return z;                      /＊z 作为返回值返回主调函数＊/
}
```

6.3.3　空函数

在程序开发过程中有时会用到空函数。

空函数的格式如下:

返回值类型　函数名()
{
}

例如:

```
emptyfunction()
{
}
```

空函数 emptyfunction 被调用时什么工作也不做,没有任何实际作用。在主调函数中写上"emptyfunction()"只是告诉编译器这里要调用一个函数,该函数现在没有任何功能,只是先占位置,但在后续的程序扩展中该函数的功能可能会补充。空函数的作用与学生上课之前的"占座"类似。合理地使用空函数可以使程序结构清晰、可读性好,程序扩展方便。

6.4　函数声明

在 C 语言中,一个函数(主调函数)要想调用另一个函数(被调函数)必须具备以下条件:

（1）被调函数必须是已存在的函数，可以是库函数也可以是自定义函数。

（2）如果被调函数是库函数，需要在源文件开头用预处理命令"♯include"将库函数所在的头文件（扩展名为.h的文件）包含进来。

（3）如果被调函数是自定义函数，而且该函数的定义部分在源文件中的位置处于主调函数之后，那么主调函数在调用该函数时必须对被调函数进行声明。

前面两个条件容易理解，下面解释一下第三个条件，为什么要对被调函数进行声明？

编译器在编译一个源程序文件时采用的是从前到后的顺序。如果函数定义在前，那么编译器在处理完函数定义后自然就掌握了该函数的返回值类型以及形参类型、个数、顺序等信息，如果在后续程序中该函数被调用，编译器可以直接处理；反之，如果编译器在编译时先遇到函数调用，尚未编译到该函数的定义部分，编译器对被调函数"一无所知"，那么编译器就会报错。

因此，如果被调函数为自定义函数，且该函数的定义部分在主调函数之后，则应在函数调用之前对被调函数进行函数声明，将被调函数名称、返回值类型以及形参的数据类型、个数和顺序等信息告知编译器，以便函数调用时编译器能够正确地识别函数并检查调用的合法性。

通俗而言，函数声明就是在某个函数被调用之前跟编译器打个招呼，告诉编译器后面的程序会调用某个函数，这个函数都有哪些需要注意的信息。

C程序在调用自定义函数时应遵循"谁使用，谁声明"的原则，在函数调用之前对被调函数进行函数声明。从规范化编程出发，鼓励初学者使用函数原型对函数进行声明，一般形式如下：

返回值类型 函数名(参数类型1 参数名1,参数类型2 参数名2,…,参数类型n 参数名n);

由于在源程序编译阶段编译器只关注函数返回值类型和参数类型，不检查被声明函数的函数体（在连接阶段才检查函数是否存在），所以上述形式可省去形参名称，简化如下：

返回值类型 函数名(参数类型1,参数类型2,…,参数类型n);

例如：

int sum(int x, int y);   /*利用函数原型声明函数 sum*/

可简化为：

int sum(int, int);   /*函数声明中的形参名可以省略*/

例 6.1 利用函数实现两数求和。
程序如下：

```
♯include<stdio.h>
int main(void)
{
    int a, b, c;
    int sum(int x, int y);                    /*在主函数中对求和函数 sum 进行函数声明*/
```

```
        printf("请输入 a 和 b: \n");
        scanf("%d, %d", &a, &b);              /* 输入两个数 */
        c＝sum(a, b);                          /* 调用求和函数 sum,并将返回值赋给 c */
        printf("二者之和等于: %d\n",c);        /* 输出求和结果 */
        return 0;
    }

    int sum(int x, int y)                      /* 定义求和函数 sum */
    {
        int t;                                 /* 定义整型变量 t */
        t＝x＋y;
        return t;                              /* 变量 t 的值为函数返回值 */
    }
```

程序运行结果如下：

在上例中,主函数 main 在前,求和函数 sum 定义在后。程序第 5 行是对函数 sum 所做的函数声明,第 12～17 行是函数 sum 的定义部分。如果不在第 5 行对函数 sum 进行函数声明,那么编译器在编译到第 8 行"c＝sum(a, b);"时将无法确定 sum 是参数名还是函数名,也无法确定实参的数据类型和个数是否正确,无法对程序进行正确性检查。

对于函数声明的使用需要注意以下几点:

(1) 函数声明的作用是在某个函数被调用之前告诉编译器该函数已存在,并将被调函数的信息告知编译器。

(2) 函数声明包含函数名称、返回值类型和形参列表(个数、数据类型、顺序)三部分内容,其中形参名称可以不做声明。

(3) 函数声明是一个语句,后面必须加分号,而函数定义时的函数首部(函数头)后面不加分号,请注意两者的区别。

(4) 函数首部加上一个分号就是一个函数原型式的函数声明。

(5) 如果在每个函数中都对所需函数进行声明,代码可能较为烦琐。因为编译器是自上而下对程序进行编译的,所以可以将函数声明都放在源程序的开始位置。这样,由于函数均在程序开始位置进行了声明,之后出现的函数调用就无须考虑函数定义所在的位置。

例如,在开发一个小程序时可以将所有函数声明都放在源程序的开始位置。

```
＃include＜stdio.h＞
int Myfunction1(int m, int n);         /* 声明函数 Myfunction1,有分号 */
void Myfunction2();                    /* 声明函数 Myfunction2,有分号 */
long Myfunction3(int x);               /* 声明函数 Myfunction3,有分号 */
                                       /* 之后不再考虑上述三个函数的声明问题 */

int main(void)                         /* 定义主函数 main,无分号 */
{
    …
```

```
    }

    int Myfunction1(int m, int n)           /* 定义函数 Myfunction1,无分号 */
    {
        ...
    }

    void Myfunction2()                      /* 定义函数 Myfunction2,无分号 */
    {
        ...
    }

    long Myfunction3(int x)                 /* 定义函数 Myfunction3,无分号 */
    {
        ...
    }
```

如果对上述代码段做以下修改,调整函数声明的位置,则三个函数的有效作用范围(作用域)会发生变化。

```
    #include<stdio.h>
    int main(void)
    {
        ...
        int Myfunction1(int m, int n);      /* 声明函数 Myfunction1,此后 Myfunction1 可用,而函数
                                               Myfunction2 和 Myfunction3 未声明,不可用 */
        ...
    }

    int Myfunction1(int m, int n)           /* 定义函数 Myfunction1 */
    {
        ...                                 /* Myfunction2、Myfunction3 未声明,不可用 */
    }

    long Myfunction3(int x);                /* 声明函数 Myfunction3,此后可用 */
    void Myfunction2()                      /* 定义函数 Myfunction2,此后可用 */
    {
        ...                                 /* Myfunction1 和 Myfunction3 均可用 */
    }

    long Myfunction3(int x)                 /* 定义函数 Myfunction3 */
    {
        ...                                 /* Myfunction1 和 Myfunction2 均可用 */
    }
```

对于上述程序,函数 Myfunction1、Myfunction2 和 Myfunction3 在主函数 main 之前均未做声明。在主函数 main 对函数 Myfunction1 做了声明之后,主函数内部允许调用函数 Myfunction1,但函数 Myfunction2 和 Myfunction3 未在主函数内部声明,所以这两个函数在主函数内部不能使用。

在函数 Myfunction1 定义之前没有函数声明语句,也没有其他用户自定义函数,所以在 Myfunction1 中不可以使用任何其他函数(C 语言中主函数不允许被调用)。

在函数 Myfunction2 定义之前有自定义函数 Myfunction1,也有对 Myfunction3 的函数声明,所以在 Myfunction2 中可以调用函数 Myfunction1 和 Myfunction3。

在函数 Myfunction3 定义之前有自定义函数 Myfunction1 和 Myfunction2,所以在函数 Myfunction3 中可以调用函数 Myfunction1 和 Myfunction2。

当开发较大程序时,一般将所有公用函数的声明都保存在头文件(扩展名为. h)中,然后通过"♯include"指令将函数声明包含到当前文件中,这样可以使所有公用函数的声明保持一致。如果函数接口发生变化,则只需修改其对应的声明即可。

6.5 函数的参数与函数的返回值

在 C 程序中,函数之间数据的传递有以下三种方式:

(1) 函数调用结束时利用 return 语句将数据从被调函数返回主调函数。

(2) 函数调用时主调函数的实际参数传递给被调函数的形式参数。

(3) 定义公共访问区的全局变量。

上面三种方法都较为常用,但用的最多的还是第 2 种,即主调函数实参到被调函数形参的参数传递。

6.5.1 函数的实际参数和形式参数

在函数调用时,被调函数名后面括号中的参数被称为实际参数,简称"实参"。在函数定义时,函数名后面括号中的变量名被称为形式参数,简称"形参"。

形参的作用是接收函数外部传入的实参,如下例所示。

例 6.2 实参到形参的单向值传递。

程序如下:

```
# include < stdio. h >
void change(int x, int y);              /* 对 change 函数进行声明 */
int main(void)
{
    int a, b;
    printf("请输入 a 和 b: \n", a, b);
    scanf("%d, %d", &a, &b);
    change(a, b);                       /* 调用 change 函数,整型变量 a 和 b 为实参 */
    printf("a=%d, b=%d\n", a, b);       /* change 函数调用完成后输出变量 a 和 b 的值 */
    return 0;
}

void change(int x, int y)               /* 定义有参函数 change,形参为整型变量 x 和 y */
{
    int t;
    t=x;x=y;y=t;                        /* 将形参 x 和 y 的值互换 */
```

```
    printf("x=%d, y=%d\n", x, y);      /*输出形参 x 和 y 的值*/
}
```

程序运行结果如下：

上例程序的运行过程如图 6.1 所示。

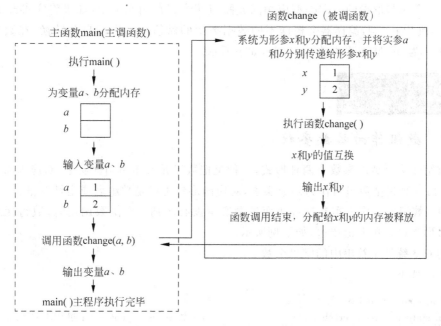

图 6.1 程序运行过程

在上述程序运行过程中,编译器首先根据数据类型为变量 a 和 b 分配内存单元;然后用户通过键盘给 a 和 b 赋值,使 $a=1,b=2$;之后主函数 main 调用函数 change,编译器为形参 x 和 y 分配内存单元,实参 a 和 b 的值被复制并单向传递给形参 x 和 y,a 的值传给 x,b 的值传给 y,即 $x=1,y=2$;继续执行 change 函数,对 x 和 y 的值进行互换,并输出 x 和 y,此时 $x=2,y=1$;change 函数调用结束后,分配给 x 和 y 的内存被释放,程序进程返回主程序 main;之后主程序中要求输出 a 和 b,由于实参 a 和 b 给形参传递数据时遵循"值复制传递机制",因此实参 a 和 b 的值在 change 函数被调用后未发生任何变化,仍是 $a=1,b=2$。

C 语言的"值复制传递机制"是指当变量做形参时实参可以是常量、变量或表达式,当函数调用发生时实参被复制一份后传递给形参,函数调用结束后形参的当前值不会回传给实参。由于实参到形参的数据传递是一个单向的值传递过程,因此上例中的实参 a 和 b 在程序运行前后不受形参变化的影响,数值保持不变,如图 6.2 所示,请注意箭头所示的

图 6.2 实参到形参的单向值传递

数据传递方向。

综上所述,当变量做形参时,实参到形参的参数传递需注意以下几点:

(1) 当形参是变量时,实参可以是常量、变量或表达式,但要有确定的值。

(2) 函数被调用之前形参不占内存,当函数调用发生时形参才被分配内存。在函数调用结束后,形参所占的内存立即被释放。

(3) 实参与形参之间的数据传递是"单向值传递",实参和形参占用不同的内存单元,实参传给形参之后形参的变化不会影响实参。

(4) 实参与形参的数据类型应相同或赋值兼容。在例 6.1 中,如果将实参改为 float型、形参改为 int 型,编译器会根据不同数据类型的赋值规则进行自动转换,在数据输出时 x 和 y 为 int 型,a 和 b 为 float 型,如下所示。

```
请输入a和b:
1,2
x=2, y=1
a=1.000000, b=2.000000
```

6.5.2 数组作为函数参数

数组作为函数的参数有两种形式,一种是把数组元素作为函数实参,对应形参为普通变量;另一种是把数组名作为函数实参,对应的形参可以是数组名或指针变量。

(1) 数组元素作为实参与普通变量做实参没有区别。在函数调用时,数组元素作为实参对形参进行单向值传递,如下例所示。

例 6.3 统计字符串中的字母个数。

程序如下:

```
# include < stdio. h >
int statistics_character(char c);          /* 对函数 statistics_character 进行声明 */
int main(void)
{
    int i, num=0;
    char str[255];                          /* 定义足够大的字符数组用于存放字符串 */
    printf("请输入字符串: \n");
    gets(str);                              /* 输入字符串 */
    for(i=0;str[i]!='\0';i++)               /* 循环,直至遇到字符串结束标志'\0' */
    {
        if(statistics_character(str[i]))    /* 如果数组元素是字母 */
            num++;                          /* 变量 num 加 1 */
    }
    printf("字母个数为: %d\n",num);          /* 输出字母个数 num */
    return 0;
}

int statistics_character(char c)            /* 函数的定义 */
{
    if(c>='a'&&c<='z' || c>='A'&&c<='Z')            /* 如果数组元素是字母,返回 1 */
        return 1;
    else                                    /* 如果数组元素不是字母,返回 0 */
```

```
        return 0;
}
```

程序运行结果如下：

```
请输入字符串：
1,3,5,7,A,B,C,-5,&,*,x,y,z
字母个数为：6
```

（2）数组名作为函数实参时对应形参可以是数组名或指针变量（详见第 7 章）。在函数调用时，编译器不再给形参数组单独分配内存，而是在实参与形参之间进行地址传递，将实参数组的首地址传递给形参数组，即实参数组和形参数组共享同一段内存空间，此时形参的变化会影响实参。这与变量做形参的情况不同，请注意区分。

例 6.4　求具有 10 个元素的整数数组中的最大值。

程序如下：

```
#include<stdio.h>
int max(int b[]);                     /*对函数 max 进行声明*/
int main(void)
{
    int a[10], i;
    printf("请输入数组：\n");
    for(i=0;i<=9;i++)                 /*利用循环输入 10 个数组元素*/
        scanf("%d",&a[i]);
    printf("数组中的最大值是：%d\n", max(a));   /*调用函数 max,实参为数组名 a*/
    return 0;
}

int max(int b[])                      /*定义函数 max,形参为数组名*/
{
    int maximum, i;
    maximum=b[0];
    for(i=0;i<=9;i++)
    {
        if(maximum<b[i])
            maximum=b[i];
    }
    return maximum;
}
```

程序运行结果如下：

```
请输入数组：
6 8 10 -5 55 -20 63 42 1 -36
数组中的最大值是：63
```

在上例中，函数实参是数组名 a，形参是数组名 b。在函数 max 被调用时，实参数组 a 的数组名也就是首地址（假设为 2000H）被传递给形参数组 b，由于内存地址是唯一的，因此实参数组 a 和形参数组 b 具有相同的首地址 2000H，即数组 a 和 b 拥有同一段存储空间，如图 6.3 所示。

实参数组：	a[0]	a[1]	a[2]	a[3]	a[4]	a[5]	a[6]	a[7]	a[8]	a[9]
起始地址 2000H：	6	8	10	−5	55	−20	63	42	1	−36
形参数组：	b[0]	b[1]	b[2]	b[3]	b[4]	b[5]	b[6]	b[7]	b[8]	b[9]

图 6.3   实参、形参共占相同的内存单元

如图 6.3 所示，实参数组 a 和形参数组 b 下标相同的元素对应的都是同一内存单元，即 a[0] 与 b[0] 占据同一内存单元，a[1] 与 b[1] 占据同一内存单元，…，a[9] 与 b[9] 占据同一内存单元。可以想象，在函数调用过程中如果形参数组元素被改变，那么对应的实参数组元素也改变，即数组名做函数参数时形参数组元素的任何变化都将影响实参数组元素。

例 6.5   以例 6.4 中的数组为例，查找并保留整型数组中大于等于 0 的元素，所有小于 0 的元素均置为 −1，然后输出数组。

程序如下：

```
#include <stdio.h>
void find(int b[]);
int main(void)
{
    int i, a[10]={6,8,10,−5,55,−20,63,42,1,−36};
    printf("原数组为：\n");
    for(i=0;i<10;i++)              /* 输出函数调用前的数组内容 */
    {
        printf("%d ",a[i]);
    }
    find(a);                      /* 调用函数 find 将小于 0 的元素置为 −1，实参为数组名 */
    printf("\n");
    for(i=0;i<10;i++)
    {
        printf("%d ",a[i]);       /* 输出函数调用后的数组内容 */
    }
    printf("\n");
    return 0;
}

void find(int b[])                /* 定义函数 find，形参为数组名 */
{
    int i;
    for(i=0;i<10;i++)
    {
        if(b[i]<0)
            b[i]=−1;
    }
}
```

程序运行结果如下：

```
原数组为:
6 8 10 -5 55 -20 63 42 1 -36
6 8 10 -1 55 -1 63 42 1 -1
```

当数组名为函数参数时应注意以下两点:

(1) 实参与形参数组的数据类型应相同,否则编译时会出错。

(2) 实参数组与形参数组的长度可以不同。在函数调用时,编译器只是将实参数组的首地址传给形参,对形参数组的长度不做检查。因此,形参数组可以不指定长度,如例 6.4 和例 6.5 所示;当函数调用有特殊需要时可以另设一个形参变量传递数组长度,如例 6.6 所示。

例 6.6　对例 6.5 加以改造,在参数传递中增加数组长度。

程序如下:

```c
#include<stdio.h>
void find(int b[], int n);
int main(void)
{
    int i, a[10]={6,8,10,-5,55,-20,63,42,1,-36};
    printf("原数组为: \n");
    for(i=0;i<10;i++)
    {
        printf("%d ",a[i]);
    }
    find(a, 10);                    /* 调用函数 find,实参包括数组名 a 和数组长度 10 */
    printf("\n");
    for(i=0;i<10;i++)
    {
        printf("%d ",a[i]);
    }
    printf("\n");
    return 0;
}

void find(int b[], int n)          /* 定义函数 find,形参同样包括数组名和数组长度 */
{
    int i;
    for(i=0;i<n;i++)
    {
        if(b[i]<0)
            b[i]=-1;
    }
}
```

程序运行结果不变。

6.5.3　函数的返回值

函数的返回值也叫函数值,是指函数调用时由被调函数产生并返回给主调函数的值。对于函数的返回值有以下几点说明:

(1) 函数的返回值是通过被调函数中的 return 语句返回主调函数的。如果不需要从被调函数返回函数值，则被调函数中可以不要 return 语句；如果需要从被调函数返回函数值，则被调函数中必须包含 return 语句。格式如下：

return(表达式)；

或者：

return 表达式；

例如：

```
int max (int x, int y)
{
    return (x>y?x:y);              /* 返回 x 和 y 中的较大值 */
}
```

也可写成：

```
int max (int x, int y)
{
    return x>y?x:y;               /* return 语句中的表达式的括号可省略 */
}
```

（2）在一个函数中可以包含一个以上的 return 语句，执行到哪一个 return 语句，哪一个语句起作用。

例如：

```
int max(int x, int y)
{
    if (x>y)                      /* 如果 x 大于 y,则将 x 作为返回值 */
        return x;
    else                          /* 如果 x 小于 y,则将 y 作为返回值 */
        return y;
}
```

（3）在定义函数时应指定函数返回值的数据类型，否则编译器自动按 int 型处理。从规范编程的角度出发，建议初学者在定义函数时对所有函数均指定返回值类型。

（4）被调函数 return 语句中的表达式类型和函数定义中的返回值类型应保持一致，如果两者不一致，则以函数定义的数据类型为准。建议初学者在编写程序时使两者保持一致。

（5）不返回函数值的函数应明确定义为"空"类型（也叫"无"类型），类型说明符为"void"。一旦函数被定义为"空"类型，系统会禁止主调函数使用被调函数的返回值，此时被调函数中不应出现具有返回值的 return 语句。

例如：

```
void function(int x)              /* 函数定义,返回值类型为 void */
{
    ...                          /* 函数体中不应出现 return 语句 */
}
```

6.6 函数的调用

6.6.1 函数调用的一般形式

函数调用的一般形式如下：

函数名(实参列表)

如果被调函数是无参函数，在函数调用时实参列表可以没有，但函数名后的那对小括号"()"不能省略。

如果被调函数是有参函数，在函数调用时实参列表中实参的个数和顺序必须与形参的个数和顺序相同，实参的数据类型必须和形参数据类型相同或兼容。实参可以是常量、变量或表达式，各参数之间需要用逗号","隔开。

需要注意的是，不同编译器对实参的求取顺序不同，有的编译器从左到右求取实参，有的编译器从右到左求取实参。在 VC++ 6.0 中，实参的求取顺序是从右到左，如例 6.7 所示。

例 6.7 VC++ 6.0 实参求取顺序举例。

程序如下：

```c
#include <stdio.h>
int arguments_order(int x, int y);

int main(void)
{
    int a=3, b;
    b=arguments_order(a, ++a);      /* 调用函数 arguments_order */
    printf(" %d\n", b);
    return 0;
}

int arguments_order(int x, int y)
{
    int t;
    if(x>y)                         /* 若 x>y,t=1 */
        t=1;
    else if(x==y)                   /* 若 x=y,t=0 */
        t=0;
    else                            /* 若 x<y,t=-1 */
        t=-1;
    return t;                       /* 返回 t */
}
```

程序运行结果如下：

0

　　VC++ 6.0 的实参的求取顺序是从右到左。对于上例的函数调用"b＝arguments_order(a，++a);"，编译器按从右到左的顺序先处理实参++a，然后再处理实参 a，因此该调用相当于"b＝arguments_order(4, 4);"，两个实参相等，所以程序运行结果为"0"；如果实参的求取顺序是从左到右，则函数调用相当于"b＝arguments_order(3, 4);"，第 1 个实参小于第 2 个实参，程序运行结果应为"−1"。对于这一点在使用不同编译器时应予以注意。

6.6.2　函数调用的过程

函数调用的过程如下：

（1）为被调函数的形参分配内存单元。

（2）将实参表达式的值依次传递给对应的形参。如果是无参函数，则无参数传递过程。

（3）执行被调函数的函数体。首先为函数体内部的变量分配内存单元，然后执行函数体中的语句直至 return 语句。

（4）在返回函数返回值后立即释放形参和函数体内部变量占据的内存单元，返回主调函数并继续执行后续程序。

6.6.3　三种函数调用方式

根据被调函数在主调函数中所出现位置的不同可以将函数的调用分为三种。

1. 函数语句

函数作为语句被调用。在这种情况下，函数一般没有返回值。

例如，例 6.6 中的"find(a, 10);"，函数 find 的调用是以语句形式出现的，其作用是完成若干操作，不产生返回值。

2. 函数表达式

如果函数出现在表达式当中，这种表达式被称为函数表达式，此时函数的返回值作为运算对象参与表达式的具体运算。

例如，例 6.7 中的"b＝arguments_order(a，++a);"，函数 arguments_order 是赋值表达式的一部分，它的返回值被赋给变量 b。

3. 函数参数

函数作为一个函数的实参被调用。

例如"a＝max(x，max(y, z));"，该语句中的 max(y, z)作为函数 max 的实参被调用，如例 6.8 所示。

例 6.8　输出三个整数中的最大值。

程序如下：

```
#include<stdio.h>
```

```
int max(int a, int b)                    /* 定义函数 max,求两数中的较大值 */
{
    int t;
    t=a>b?a:b;                           /* 将 a 和 b 中的较大值赋给变量 t */
    return t;
}


int main(void)
{
    int x,y,z,maximum;
    printf("请输入 3 个整数: \n");
    scanf("%d,%d,%d",&x,&y,&z);
    maximum=max(x,max(y,z));       /* 函数调用,max(y,z)作为函数参数出现 */
    printf("最大值是: %d\n",maximum);
    return 0;
}
```

程序运行结果如下:

6.6.4 函数的嵌套调用

在 C 语言中所有的函数都是并列的、独立的,不允许对函数进行嵌套定义(在一个函数中定义另一个函数),但允许对函数进行嵌套调用。

例 6.9 输入三个整数,求其中的最大数和最小数之差。

程序分析:可以采用结构化程序方法,设计三个函数 max、min 和 D_value,函数 max 求最大值,函数 min 求最小值,函数 D_value 求最大数和最小数之差。

程序如下:

```
#include<stdio.h>
int max(int x, int y, int z);            /* 函数的声明 */
int min(int x, int y, int z);
int D_value(int x, int y, int z);

int main(void)
{
    int a,b,c,t;
    printf("请输入 3 个整数: \n");
    scanf("%d,%d,%d",&a,&b,&c);
    t=D_value(a,b,c);                /* 调用函数 D_value 给变量 t 赋值 */
    printf("最大值与最小值之差是: %d\n", t);
}

int max(int x, int y, int z)            /* 定义最大值函数 max */
{
    int t;
    t=x>y?x:y;
```

```
        return (t>z?t:z);
    }

    int min(int x, int y, int z)          /* 定义最小值函数 min */
    {
        int t;
        t=x<y?x:y;
        return (t<z?t:z);
    }

    int D_value(int x, int y, int z)      /* 定义最大数与最小数的求差函数 D_value */
    {
        int t;
        t=max(x,y,z)-min(x,y,z);  /* 调用函数 max 和函数 min */
        return t;
    }
```

程序运行结果如下：

请输入3个整数：
-1,3,2
最大值与最小值之差是：4

在上例主函数 main 调用函数 D_value 的过程中，被调函数 D_value 又调用了函数 max 和函数 min，这种情况称为函数的嵌套调用，如图 6.4 所示。

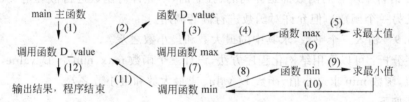

图 6.4   函数的嵌套调用

可以看出，图 6.4 是一个两层的函数嵌套调用，具体调用过程如下：

（1）程序从主函数 main 开始执行。

（2）当主函数调用函数 D_value 时，程序进程跳至函数 D_value。

（3）在函数 D_value 执行过程中，函数 max 先被调用，程序进程跳至函数 max。

（4）执行函数 max 直至结束，程序进程跳回函数 D_value。

（5）D_value 继续执行并调用函数 min，程序进程跳至函数 min。

（6）执行函数 min 直至结束，程序进程又跳回 D_value。

（7）执行函数 D_value 直至结束，程序进程跳回主函数 main。

（8）继续执行主函数 main 直至程序结束。

可以发现，函数的嵌套调用为自顶向下的结构化程序设计提供了最基本的支持。

6.6.5   函数的递归调用

除嵌套调用之外，C 语言还允许对函数进行递归调用，即一个函数在它的函数体内可以直接或间接调用它自身,如图 6.5 所示。

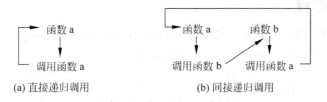

(a) 直接递归调用   (b) 间接递归调用

图 6.5 递归调用

例 6.10 利用递归调用求 $n!$。

程序分析:根据公式 $n!=n\times(n-1)!$,先将求 $n!$ 的问题变成求 $(n-1)!$ 的问题,再将求 $(n-1)!$ 的问题变成求 $(n-2)!$ 的问题,以此类推,直到 $n=1$ 时。$1!$ 已知为 1,然后逐层回推,$2!$ 为 2,$3!$ 为 6,…,最终求得 $n!$。

$$n! = \begin{cases} 1, & n = 0,1 \\ n\times(n-1)!, & n > 1 \end{cases}$$

程序如下:

```c
#include <stdio.h>
long factorial(int n);                  /* 函数的声明 */
int main(void)
{
    int n;
    long x;
    printf("请输入一个正整数: \n");
    scanf("%d", &n);
    if(n>=0)                            /* 如果 n 为正整数 */
    {
        x=factorial(n);                 /* 调用函数 factorial 计算 n! */
        printf("%d!=%ld\n", n, x);
    }
    else                                /* 如果 n 不是正整数,则提示输入错误 */
        printf("输入错误!");
    return 0;
}

long factorial(int n)
{
    long y;
    if(n==0 || n==1)                    /* 如果 n=0 或 1,n!=1 */
        y=1;
    else                                /* 如果 n>1,n!=n×(n-1)! */
        y=n * factorial(n-1);           /* 直接递归调用 */
    return y;
}
```

程序运行结果如下:

```
请输入一个正整数：
5
5!=120
```

例 6.11 利用递归调用求菲波那契(Fibonacci)数列的前 20 项。

程序分析：菲波那契(Fibonacci)数列公式如下。

$$\mathrm{fib}(n) = \begin{cases} 1, & n = 1, 2 \\ \mathrm{fib}(n-1) + \mathrm{fib}(n-2), & n \geqslant 3 \end{cases}$$

程序如下：

```c
#include <stdio.h>
int fibonacci(int n);                    /* 函数的声明 */
int main(void)
{
    int i;
    printf("\n");
    for(i=1;i<=20;i++)                   /* 输出 Fibonacci 数列的前 20 项 */
    {
        printf("%8d",fibonacci(i));      /* 调用函数 fibonacci,输出计算结果 */
        if(i%5==0)                       /* 每行显示 5 个数 */
            printf("\n");
    }
    return 0;
}

int fibonacci(int n)
{
    if(n==1 || n==2)                     /* 如果 n=1 或 2,fib(n)=1 */
        return 1;
    else                                 /* 否则 fib(n)=fib(n-1)+fib(n-2) */
        return (fibonacci(n-1)+ fibonacci(n-2));
}
```

程序运行结果如下：

```
  1     1     2     3     5
  8    13    21    34    55
 89   144   233   377   610
987  1597  2584  4181  6765
```

6.7 变量的作用域和存储类型

6.7.1 局部变量和全局变量

在 C 语言中,变量除了数据类型这个属性之外还有一些非常重要的属性,如作用域和存储类型。

变量的作用域是指变量在程序中的有效范围(从空间上来看)。

根据作用域的不同,变量可以分为全局变量和局部变量。例如,在一个函数内部定义

的变量 x,如果不特殊声明,它只在本函数范围内有效,在函数外部无法使用,属于局部变量。

1. 局部变量

局部变量是指在函数或复合语句内部定义的变量,它只在函数或复合语句内部有效,也叫内部变量。在局部变量定义后,系统会为其分配内存单元,直至函数或复合语句结束。

例 6.12　局部变量示例。

程序如下:

```
int function1(int x)
{
    int y, z;                      /* 变量 x、y、z 仅在函数 function1 内有效 */
    …
}
int main(void)
{
    int a, b, y, z;                /* 变量 a、b、y、z 在主函数 main 内有效 */
    {
        int c;                     /* 变量 c 仅在此复合语句中有效 */
        …
        c=y+z;
        …
    }
    …
    return 0;
}
```

在上例中需要注意以下几点:

(1) 主函数 main 中定义的变量 a 和 b 只在主函数中有效。变量 a 和 b 不会因为在主函数中定义而在整个文件或程序中有效。主函数不能使用其他函数中定义的变量。

(2) 形参变量是典型的局部变量。在上例中,函数 function1 中的形参 x 只在 function1 中有效。其他函数可以调用函数 function1,但不能使用 function1 中的形参 x。

(3) 在函数内部的复合语句中也可以定义变量。如第 10 行"int c;"中定义的整型变量 c 只在第 9~14 行的复合语句中有效。复合语句有时也被称为"程序块"。

(4) 不同函数中的变量命名可以相同,但它们分属不同的函数,代表不同的对象,互不干扰。例如,函数 function1 在第 3 行"int y, z;"中定义了变量 y,主函数 main 在第 8 行"int a, b, y, z;"中也定义了变量 y。两个 y 只是命名相同,它们属于不同的函数,占据不同的内存单元,在使用时不能混用。

例 6.13　局部变量作用域示例。

程序如下:

```
#include<stdio.h>
int main(void)
```

```
{
    int a=1, b=2, c;                        /* 在主函数中定义整型变量 a、b、c */
    c=a+b;                                  /* 主函数中的变量 c=3 */
    {
        int c=10;                           /* 在复合语句中也定义了整型变量 c,c=10,
                                               仅在复合语句内有效 */
        printf("复合语句中的 c=%d\n", c);   /* 局部优先,主函数中的变量 c 在此无效,此
                                               处引用的是复合语句中的变量 c,c=10 */
    }
    printf("主函数 main 中的 c=%d\n", c);   /* 复合语句中定义的变量 c 在此无效,此处引
                                               用的是主函数中的变量 c */

    return 0;
}
```

程序运行结果如下:

```
复合语句中的c=10
主函数main中的c=3
```

可以看到,上例中定义了两个整型变量 c。一个是在主函数中定义的,一个是在主函数内的复合语句中定义的,两者的作用域不同,不能混用。在第 8 行输出语句"printf("复合语句中的 c=%d\n", c);"中应遵循"局部优先"原则,优先使用复合语句中定义的变量 c,所以此时 c=10。在第 10 行输出语句"printf("主函数 main 中的 c=%d\n", c);"中,复合语句中定义的变量 c 失效,输出的应是主函数中定义的变量 c,所以此时 c=3。

2. 全局变量

对编译器而言,程序的编译对象是源文件,在一个源文件中可以有一个或多个函数。在函数内部定义的变量是局部变量,那么在函数外部定义的变量就是全局变量,其作用域从变量的定义位置开始直到源文件结束。在作用域内,全局变量可以被所有函数共用。

为方便区分局部变量和全局变量,一般将全局变量的第 1 个字母大写。

例 6.14 全局变量示例。

程序如下:

```
int m;                      /* 定义全局变量 m,作用域从此处开始直到源文件结束 */
float function1(float a)    /* 定义局部变量 a,作用域是函数 function1 内部 */
{
    a=m+1;                  /* 此处全局变量 m 有效,可用 */
    …
}

int n;                      /* 定义全局变量 n,作用域从此处到源文件结束 */
int function2(int b)        /* 定义局部变量 b,作用域为函数 function2 内部 */
{
    b=m+n;                  /* 全局变量 m 和 n 有效,可用 */
    …
}
```

```
int main(void)
{
    int x, y;              /*定义局部变量 x 和 y,作用域是主函数 main 内部*/
    x＝m－n;               /*全局变量 m 和 n 有效,可用*/
...
}
```

全局变量给不同函数之间的数据传递增加了一种方式。函数调用仅能产生一个返回值,而使用全局变量则可以传递多个数据。例如,三个全局变量 x、y、z 在函数 a 中被改变,之后函数 b 又用到了这三个全局变量(x、y、z),那么就相当于函数 a 和函数 b 之间有了数据传递通道,且传递的数据有三个。

例 6.15 计算一个长方体的体积、正面积、侧面积和底面积。

程序分析:函数调用仅能返回一个数值,这里需要计算长方体的体积、正面积、侧面积和底面积 4 个数值。因此,可以利用函数先计算上述 4 个值,然后利用函数返回值得到长方体的体积,最后利用三个全局变量传递正面积、侧面积和底面积。

程序如下:

```
# include < stdio.h >
int Area1, Area2, Area3;      /*定义三个全局变量,传递正面、侧面和底面的面积*/
int volume(int a, int b, int c) /*定义函数 volume 求长方体的体积、正面积、侧面积和底面积*/
{
    int x;                    /*定义局部变量 x*/
    x=a*b*c;                  /*求长方体的体积并赋给变量 x*/
    Area1=a*b;                /*计算正面积并赋给全局变量 Area1*/
    Area2=b*c;                /*计算侧面积并赋给全局变量 Area2*/
    Area3=c*a;                /*计算底面积并赋给全局变量 Area3*/
    return x;                 /*返回长方体的体积 x*/
}

int main(void)
{
    int v, length, width, height;               /*定义 4 个局部变量,对应体积、长、宽、高*/
    printf("请依次输入长方体的长、宽、高:\n");
    scanf("%d,%d,%d", &length, &width, &height);     /*输入长、宽、高*/
    v=volume(length, width, height);            /*调用函数 volume 计算体积*/
    printf("长方体体积为:%d\n", v);            /*输出体积*/
    printf("正面积为:%d\n", Area1);            /*利用全局变量 Area1 输出正面积*/
    printf("侧面积为:%d\n", Area2);            /*利用全局变量 Area2 输出侧面积*/
    printf("底面积为:%d\n", Area3);            /*利用全局变量 Area3 输出底面积*/
    return 0;
}
```

程序运行结果如下:

```
请依次输入长方体的长、宽、高:
1,2,3
长方体体积为: 6
正面积为: 2
侧面积为: 6
底面积为: 3
```

在 C 语言程序设计中,全局变量的引入可以方便数据传递,减少函数中实参和形参的使用数量,减少程序的运行时间。但是,如非必要一般不建议使用全局变量,因为全局变量有以下几点需要注意:

(1) 全局变量在整个程序执行过程中始终占用内存单元,而不是仅在需要时才开辟内存单元。

(2) 使用全局变量会影响程序的清晰度,增加程序的阅读难度。如果多个函数引用了同一个全局变量,该变量的变化情况会比较复杂,需要将更多的注意力集中于全局变量的变化和使用。

(3) 使用全局变量会影响程序的可移植性。模块化程序设计一般要求将模块(函数)设计成一个封闭的整体,模块(函数)尽量不与外部函数或变量产生联系,以提高程序的可移植性,但全局变量明显不符合这一要求。

(4) 如果全局变量与局部变量重名,在程序编译或运行时容易出错。根据"局部优先"的原则,在局部变量的作用域内优先使用局部变量,同名的全局变量无效。

6.7.2 变量的存储类型

C 程序在计算机中运行时使用到的存储区域包括三部分,即代码区、静态存储区和动态存储区。其中,代码区用于存储程序代码;静态存储区用于存储静态数据、全局数据、常量等;动态存储区用于存储在程序运行期间需要动态分配内存空间的数据,如形参、自动变量等。

就变量而言,由于编程需要,不同的变量在程序中需要存在的时间不同,因此可按需要将变量存储在静态存储区或动态存储区。

其中,存放于静态存储区的变量叫静态存储变量,在编译时被分配内存单元,在整个程序运行过程中始终占据固定的内存单元,直至程序结束。

存放于动态存储区的变量叫动态存储变量,在程序运行过程中被动态创建,存储单元的位置不固定。动态存储变量最典型的例子就是函数的形参。在函数被调用时,形参被分配内存单元,在函数调用结束后,形参所占的内存单元立刻释放。如果一个函数被反复调用,那么就会反复给它的形参分配内存单元。

静态存储变量和动态存储变量是根据变量存在的时间划分的(从时间上看),具体存储类型有局部动态变量(auto)、局部静态变量(static)、寄存器变量(register)、外部变量(extern)。

变量的整体分类情况如图 6.6 所示。

1. 局部动态变量

局部动态变量一般简称"自动变量",用关键字"auto"声明,是 C 语言中最常用的存储类型。C 语言规定,在函数中不指定存储类型的变量默认为自动变量,即自动变量的声明"auto"可以省略。

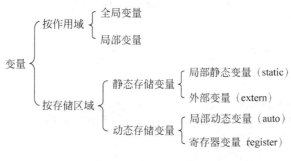

图 6.6　变量的分类

例如：

```
int function(int x)
{
    …
    auto int y, z;              /*将整型变量 y 和 z 定义为自动变量,与"int y, z;"等效*/
    …
}
```

对于自动变量需要注意以下几点：

（1）自动变量的关键字"auto"可以省略。在定义变量时,如果不声明变量的存储类型,系统会将该变量默认为自动变量。

（2）自动变量都是局部变量。

（3）自动变量属于动态存储变量。在函数调用结束后,自动变量所占的内存单元立即释放,下次函数调用时会给它重新分配内存单元。因此,如果自动变量不赋初值,那么它的值是不确定的。

（4）与后面的局部静态变量不同,自动变量的赋初值是在函数调用中进行的。

2. 局部静态变量

在程序设计中,有时需要在函数调用结束后保留某些局部变量的值,这时就需要用关键字"static"将这些变量声明为局部静态变量。局部静态变量占据的内存单元在函数调用结束后也不释放,仍保留数值。这样,再次调用该函数时已声明的局部静态变量在调用之初就有赋值,即上次函数调用结束后的值。

例 6.16　利用局部静态变量求 1～5 的阶乘,即 1!～5!。

程序分析：在函数中定义一个局部静态变量,用于存储阶乘计算结果。这样,在函数调用结束后该变量数值得以保留,可供下次函数调用使用。

程序如下：

```
#include<stdio.h>
int factorial(int x)                /*定义函数 factorial*/
{
    static int fac=1;               /*将整型变量 fac 定义为局部静态变量并赋初值*/
    fac=fac*x;                      /*阶乘计算*/
```

```
    return fac;                    /* 返回 fac 的值 */
}

int main(void)
{
    int i;
    for(i=1;i<=5;i++)
        printf("%d!=%d\n",i,factorial(i));    /* 调用函数 factorial,循环输出 1!~5!的值 */
    return 0;
}
```

程序运行结果如下：

对于局部静态变量需要注意以下几点：

(1) 局部静态变量仍属于局部变量，与全局变量不同，它只在作用域内有效。

(2) 局部静态变量属于静态存储变量。在整个程序运行期间，局部静态变量所占的内存单元都不释放，因此如非必要，局部静态变量不宜过多使用。

(3) 局部静态变量只在编译时赋初值，之后每次使用时均保留上次函数调用结束后的值。

(4) 局部静态变量在定义时如果不赋初值，在编译时会自动为其赋初值 0。

(5) 局部静态变量在函数调用结束后仍会存在，但它无法被其他函数使用。

3. 寄存器变量

变量通常存放在内存中，因此，当需要对某个变量进行频繁读写时程序会频繁地访问内存，导致大量的时间被浪费。针对这种情况，C 语言提供了寄存器变量，用关键字"register"声明。寄存器变量被存放在 CPU 的寄存器当中，在使用时无须访问内存，可以直接从寄存器中读取，这样可以有效地提高程序的运行效率。

对于寄存器变量需要注意以下几点：

(1) 重复使用次数较多的变量适合定义为寄存器变量，如循环次数较多的循环控制变量以及循环体中重复使用的变量等。

(2) 寄存器变量属于动态存储变量，只有自动变量和形式参数才能被定义为寄存器变量。

(3) 由于 CPU 中的寄存器个数有限，因此能够定义的寄存器变量的个数也是有限的。

(4) 用关键字"auto""static"和"register"对变量进行声明时不能单独使用，需在变量定义的基础上加上这些关键字。下面的语句是错误的：

```
    int a;
    static a;                      /* 单独用 static 对 a 进行声明是非法的 */
```

应改为：

static int a;　　　　　　　　　　　/ * 在 int 前加 static,将整型变量 a 定义为局部静态变量 * /

（5）常用编译器均能自动识别使用较频繁的变量,并将其放在寄存器当中,因此在实际编程中一般不用特意声明寄存器变量。

4. 外部变量

外部变量是指用关键字"extern"声明的全局变量,其作用是扩展全局变量的作用域。在编译时,外部变量被分配在静态存储区。

比如,在某个源文件中定义了全局变量 X,该变量的作用域是从定义位置到文件结束。如果 X 定义位置之前的函数想引用 X,可以在引用 X 之前利用"extern"对 X 进行"外部变量声明",告诉编译器变量 X 是一个已经定义的外部变量,将该变量的作用域扩展至声明处,也就是说,从外部变量声明处开始就可以合法地使用外部变量 X 了。

例 6.17　在同一个文件内进行外部变量声明扩展作用域。

程序如下：

```
int function(int a)
{
    extern X;                /* 外部变量声明,将全局变量 X 的作用域扩展至此处 */
    a=X+1;
    …
}

int X=5;                    /* 定义全局变量 X */
int main(void)
{
    …
}
```

又比如,一个 C 程序包含多个源文件,其中一个文件中定义了全局变量 Y。如果另一个源文件想引用 Y,可以在该文件内用"extern"对 Y 进行外部变量声明,告诉编译器变量 Y 是一个已经定义的外部变量,从而将变量 Y 的作用域扩展至该文件。

例 6.18　在多个文件内进行外部变量声明扩展作用域。

程序如下：

```
/* 文件 1: file1.c */
int Y;                      /* 在文件 1 中定义全局变量 Y */
int function1(int a)
{
    …
}

/* 文件 2: file2.c */
extern Y;                   /* 将全局变量 Y 声明为外部变量,其作用域扩展至文件 2 */
int main(void)
```

```
{
    ...
}

/* 文件 3: file3.c */
extern Y;                  /* 将全局变量 Y 声明为外部变量,其作用域扩展至文件 3 */
int function3(int n)
{
    ...
}
```

有时在程序设计中希望一些全局变量只限本文件引用,禁止其他文件引用,这时可以在定义全局变量时用关键字"static"将其声明为"静态全局变量",将该变量的作用域限制在本文件内部,如例 6.19 所示。

例 6.19　静态全局变量示例。

程序如下:

```
/* 文件 1: file1.c */
static int Y;              /* 在文件 1 中定义静态全局变量 Y */
int function1(int a)
{
    ...
}


/* 文件 2: file2.c */
extern Y;                  /* 此处虽然对全局变量 Y 进行了外部变量声明,但由于 Y 被定义为静
                              态全局变量,故此处声明无效,在文件 2 中 Y 无法引用 */
int main(void)
{
    ...
}
```

对于外部变量需要注意以下几点:

(1) 外部变量是全局变量,属于静态存储变量。

(2) 进行外部变量声明的目的是扩展该变量的作用域。

(3) 如果全局变量被定义为静态全局变量,那么在其他文件中用"extern"对该变量进行外部变量声明无效。

6.7.3　变量定义和声明的区别

严格来讲,变量定义和变量声明是不同的。变量出现在声明部分,一般包括以下两种情况:

一种是定义性声明,需要给变量建立存储空间。例如"int a;",其目的是声明整型变量 a 的存在,要求编译器根据数据类型给变量 a 分配存储空间。

另一种是引用性声明,不需要给变量建立存储空间。例如"extern B;",其目的只是告诉编译器变量 B 是已经存在的变量,为后面引用变量 B 做铺垫。

为了叙述方便,把需要建立存储空间的变量定义性声明称为"变量定义",把不需要建立存储空间的变量引用性声明称为"变量声明"。

例 6.20　变量定义和变量声明的区别。

程序如下:

```
int main(void)
{
    extern A;          /* 变量声明,不建立存储空间,仅声明 A 为外部变量 */
    int a;             /* 变量定义,声明整型变量 a,并为其建立存储空间 */
    ...
}
```

6.8　内部函数和外部函数

在 C 语言中,根据函数能否被其他源文件调用,可以将函数分为内部函数和外部函数。

6.8.1　内部函数

函数本质上是全局的,即函数可以被其他源文件调用。但有时编程者希望某个函数只能被本文件内的函数调用,这就需要在函数定义时用关键字"static"将其声明为内部函数。

格式如下:

static 返回值类型　函数名(形参列表)
{
　　声明部分
　　语句部分
}

例如:

```
static float function(float x)          /* 将函数 function 声明为内部函数 */
{
    float y;
    y=x+1;
    return y;
}
```

由于使用了关键字"static",内部函数也叫静态函数。

使用内部函数可以使函数仅限于在源文件内部使用,这样在编写不同的源文件时即使出现函数同名的现象也不会影响程序的运行。

6.8.2　外部函数

外部函数是指可以被其他源文件调用的函数,用关键字"extern"声明。如果在函数定义时不做特殊说明,系统会将函数默认为外部函数,即"extern"可以省略。

格式如下：

```
extern 返回值类型    函数名(形参列表)
{
    声明部分
    语句部分
}
```

例如：

```
extern int sum(int a, int b)         /*将函数 sum 声明为外部函数*/
{
    int c;
    c=a+b;
    return c;
}
```

6.9　编译预处理

在 C 语言程序设计中，程序的可移植性和可重用性是编程人员需要考虑的重要问题。人们一般希望同一个程序可以不加修改或稍加修改即可在多种系统中应用。为此，ANSI C 引入了编译预处理命令，以改善程序设计环境，提高编程效率。例如，前面一直在用的"♯include<stdio.h>"命令就是一条编译预处理命令，其作用是将输入输出函数所在的头文件"stdio.h"包含到源文件中。

C 语言提供的编译预处理有三种，即宏定义、文件包含和条件编译。

对于编译预处理命令需要注意以下几点：

(1) 预处理命令是由 ANSI C 统一规定的。

(2) 预处理命令都是以符号"♯"开头的。

(3) 预处理命令的最后不用加分号";"。

(4) 预处理命令不是 C 语句，不能直接对它们进行编译(编译器无法识别)，必须在对程序进行编译之前预先处理这些命令。

(5) 经过预处理后的程序不再包含预处理命令，可由编译器对其进行正常编译，并得到目标文件。

6.9.1　宏定义

在 C 语言中，宏定义分为不带参数的宏定义和带参数的宏定义两种类型。

1. 不带参数的宏定义

不带参数的宏定义就是用一个标识符来表示一个字符串，相当于给字符串取个名字。这个标识符被称为"宏名"。

格式：

　　♯define 标识符 字符串

例如：

```
#define PI 3.1415
```

这个宏定义的作用是在源文件中用特定的标识符 PI 来表示"3.1415"这个字符串。在编译预处理时,这个宏定义会将之后出现的所有 PI 都用"3.1415"代替。这样,编程者就可以用极具代表性的标识符(宏名)代替一个较长的字符串。

例 6.21 输入圆半径,计算圆面积。

程序如下：

```
#include<stdio.h>
#define PI 3.1415          /*宏定义,用 PI 代替 3.1415*/
int main(void)
{
    float r, area
    printf("请输入圆的半径 r: \n");
    scanf("%f", &r);
    area=PI*r*r;          /*使用宏名 PI 计算圆面积*/
    printf("圆的面积是: %\n", area);
    return 0;
}
```

程序运行结果如下：

```
请输入圆的半径r：
3
圆的面积是：28.273500
```

对于不带参数的宏定义需要注意以下几点：

(1) 为方便与其他变量区分,宏名通常使用大写字母表示(小写字母也可)。

(2) 使用宏名代替较长的字符串可以节省编程时间。

(3) 使用宏名可以方便程序调试和维护。当需要修改某个常量时,只需修改宏定义即可将程序中的相应常量全部修改。

(4) 宏定义是预处理命令,只是进行简单的字符串替换,不分配内存单元。

(5) 宏定义的作用域是从 #define 命令出现直至源文件结束,因此宏定义通常写在源文件开头部分。

(6) 可以通过 #undef 命令终止宏定义。

例如：

```
#define PI 3.1415          /*宏定义,用宏名 PI 代替 3.1415*/
int main(void)
{
    ...
}
#undef PI                  /*终止宏定义,从此处开始 PI 不再代表 3.1415*/
int function(int a)
{
    ...
}
```

2. 带参数的宏定义

带参数的宏定义除字符串替换以外,还要进行参数替换。

格式:

#define 宏名(形参列表)字符串

例如:

#define SUM(a,b) a+b

在上述宏定义中,SUM 是宏名,"()"中的 a 和 b 是形参,"$a+b$"是字符串。如果在程序中使用了宏 SUM(1,2),小括号"()"中的 1 和 2 就是实参,它们会代替 SUM(a,b)中的形参 a 和 b。

因此,语句"x=SUM(1,2);"和"x=1+2;"的作用是相同的,都是将 1+2 的运算结果赋给变量 x。

例 6.22   输入长方体的长、宽、高,求长方体的体积。

程序如下:

```
#include < stdio. h >
#define VOLUME(x, y, z) x * y * z
int main(void)
{
    int v, length, width, height;          /* 定义 4 个局部变量,对应体积、长、宽、高 */
    printf("请依次输入长方体的长、宽、高: \n");
    scanf("%d,%d,%d", &length, &width, &height);      /* 输入长、宽、高 */
    v= VOLUME(length, width, height);      /* 使用宏计算体积 */
    printf("长方体体积为: %d\n", v);        /* 输出体积 */
    return 0;
}
```

程序运行结果如下:

```
请依次输入长方体的长、宽、高:
2.3.4
长方体体积为: 24
```

在使用带参数的宏时需要注意宏名和左边圆括号之间不能有空格,如果有空格,就变成不带参数的宏定义了。

此外,带参数的宏的作用和形式与函数类似,但两者本质不同:

(1) 带参数的宏进行的仍是字符替换工作,而函数调用的工作会复杂很多。

(2) 带参数的宏展开发生在编译预处理阶段,宏的形参无须值传递,也无须分配内存单元,只是字符替换;而函数调用发生在程序运行阶段,需要给形参分配内存单元,传递数据。

(3) 带参数的宏不涉及数据类型问题,而函数的形参要求实参和形参类型一致。

6.9.2   文件包含

文件包含命令"#include"在前面用的很多,其作用是将指定文件包含到当前源文件中,构成一个更大的文件。利用文件包含命令可以将编程中需要的一些共用数据或函数集中到一个文件当中,这样只要在编程时包含该文件,所有共用数据和函数就无须再重复定义。

格式:

#include <文件名>

也可写成:

#include "文件名"

例如:

```
#include <stdio.h>                    /* 包含输入输出函数头文件 stdio.h */
#include"math.h"                      /* 包含数学函数头文件 math.h */
```

上述两种文件包含命令格式在使用中略有不同:

(1) 在使用尖括号<>时,系统直接到指定的包含文件目录(在配置编程环境时可以设置)中查找被包含文件,比较节省时间,适合包含库函数所在的头文件。

(2) 在使用双引号" "时,系统先到当前目录下查找被包含文件,如果未找到,再到指定的包含文件目录中查找。这种方法比较保险,适合包含用户自己编写的文件,因为这些文件一般都在用户的当前目录。

此外,使用文件包含还要注意以下几点:

(1) 一个 #include 命令只能包含一个文件。

(2) 将一个文件包含到另一个文件中,不是在编译时分别编译两个文件然后再将两者连接,而是在编译预处理之后将一个文件包含到另一个文件当中形成一个新的文件,然后再对新文件编译生成目标文件。

(3) 在编译预处理时,系统找到被包含文件后将其复制到对应的 #include 命令出现的位置。

(4) 在被包含文件中可以有函数、宏定义、外部变量、结构体类型定义等。

(5) 文件包含是可以嵌套的,也就是被包含文件中也可以包含其他文件。

6.9.3 条件编译

在 C 语言中,源文件中的所有语句一般都会被编译,但有时(尤其是商业软件中)人们希望只编译源文件中的部分内容,为此 C 语言提供了条件编译命令。

条件编译是指在满足某条件时对某一部分语句进行编译,否则不编译。条件编译的形式有以下三种。

1. 形式 1

```
#ifdef 标识符
    程序段 1
#else
    程序段 2
#endif
```

在这种形式下,如果标识符已被 ♯ define 定义,编译程序段 1,否则编译程序段 2。

例 6.23   如果 MAX 被 ♯ define 定义则输出两数中的较大值,否则输出较小值。

程序如下:

```
♯ include < stdio. h >
♯ define MAX                                /* 宏定义 MAX */
int main(void)
{
    ♯ ifdef MAX                             /* 条件编译,MAX 已被 ♯ define 定义 */
        int a,b,c;                          /* 编译从这一行开始 */
        printf("请输入两个数: \n");
        scanf("%d,%d", &a,&b);
        c=a>b?a:b;
        printf("输出为较大值: %d\n",c);      /* 编译在这一行结束 */
    ♯ else                                  /* MAX 已被 ♯ define 定义,下面 5 行不编译 */
        int a,b,c;
        printf("请输入两个数: \n");
        scanf("%d,%d", &a,&b);
        c=a<b?a:b;
        printf("输出为较小值: %d\n",c);
    ♯ endif                                 /* 条件编译结束 */
    return 0;
}
```

程序运行结果如下:

```
请输入两个数:
3,5
输出为较大值: 5
```

如果去掉第 2 行的宏定义"♯ define MAX",第 6～10 行的程序不编译,第 12～16 行的程序被编译。

2. 形式 2

```
♯ ifndef 标识符
    程序段 1
♯ else
    程序段 2
♯ endif
```

在这种形式下,如果标识符未被 ♯ define 定义,编译程序段 1,否则编译程序段 2。

例 6.24   利用形式 2 修改例 6.23,使程序的运行结果不变。

程序如下:

```
♯ include < stdio. h >
int main(void)
{
    ♯ ifndef MAX                           /* 条件编译,MAX 未被 ♯ define 定义 */
        int a,b,c;                          /* 编译从这一行开始 */
```

```
        printf("请输入两个数: \n");
        scanf("%d,%d",&a,&b);
        c=a>b?a:b;
        printf("输出为较大值: %d\n",c);      /* 编译在这一行结束 */
    # else                                    /* MAX 未被定义,下面 5 行不编译 */
        int a,b,c;
        printf("请输入两个数: \n");
        scanf("%d,%d",&a,&b);
        c=a<b?a:b;
        printf("输出为较小值: %d\n",c);
    # endif                                    /* 条件编译结束 */
    return 0;
}
```

程序运行结果不变:

```
请输入两个数:
3,5
输出为较大值: 5
```

3. 形式 3

```
# if 常量表达式
    程序段 1
# else
    程序段 2
# endif
```

在这种形式下,如果常量表达式的值为真(非 0),编译程序段 1,否则编译程序段 2。

例 6.25　利用形式 3 修改例 6.23,使程序的运行结果不变。

程序如下:

```
# include < stdio. h >
# define COND 1
int main(void)
{
        int a,b,c;
        printf("请输入两个数: \n");
        scanf("%d,%d",&a,&b);
        # if COND                          /* COND 为真,下面两行被编译 */
            c=a>b?a:b;
            printf("输出较大值: %d\n",c);
        # else                             /* COND 为真,下面两行不编译 */
            c=a<b?a:b;
            printf("输出较小值: %d\n",c);
        # endif                            /* 条件编译到此结束 */
        return 0;
}
```

程序运行结果如下：

如果将程序第 2 行"♯define COND 1"中的"1"改为"0"，则程序的运行结果改变：

请输入两个数：
3,4
输出较小值：3

综上所述，条件编译命令可以对源文件中满足条件的程序段进行编译，使编译内容相比源文件更少，生成的目标程序也就更小，有利于程序的移植。

第**7**章

CHAPTER 7

指　针

7.1　指针概述

在 C 语言中指针是非常重要的概念,可以说"只有掌握指针才算学会 C 语言。"为了方便理解指针的概念,必须从计算机的内存说起。前几章经常提到给变量分配内存单元,那么什么是内存呢?

在计算机组成结构中有一个非常重要的组成部分——存储器,它是用来存储程序和数据的。计算机有了存储器才能正常工作。存储器的种类很多,按用途可将其分为主存储器和辅存储器。

主存储器也叫内存储器,简称"内存",它是由顺序存储单元组成的,每一个存储单元都有唯一的地址。内存的作用是暂时存放 CPU 运算数据以及与外存交换的数据。因为 CPU 能够对内存进行直接寻址(或者说 CPU 能够直接对内存进行读写),所以计算机上所有程序的运行都是在内存中进行的。程序运行时,程序代码和数据会分开存放于内存的不同区域。下面重点讨论数据在内存中的存储和使用情况。

辅存储器也叫外存储器,简称"外存"(如硬盘、U 盘、光盘等)。外存是 CPU 不能直接访问的存储器,它需要经过内存与 CPU 及输入输出设备交换信息,一般用于长期存放程序和数据。

如果 C 程序中定义了一个变量,编译器就会根据变量的数据类型给它分配一个内存单元,并将变量名与该内存单元相关联。当程序使用该变量时会自动访问与它关联的内存单元进行变量的读写操作。

为进一步说明变量在内存中的存储情况,假设在程序中定义一个 int 型变量"x"。因为在 VC++ 6.0 中一个 int 型数据占 4 个字节,所以编译器会给变量 x 分配 4 个字节的内存空间,假设这 4 个字节的起始地址是 2000H ("H"表示这是一个十六进制数,地址用十六进制表示比较方便),则变量 x 在内存中的存储情况如图 7.1 所示。

地址:	2000H	2001H	2002H	2003H		…
存储内容:			x			…

图 7.1 变量 x 在内存中的存储

如图 7.1 所示,在经过编译器编译之后,变量 x 被存储到地址从 2000H~2003H 的 4 个字节当中。此时,4 个字节中第 1 个字节的地址"2000H"就是变量 x 的地址,也就是说变量地址是它所对应存储单元的首地址。当有程序引用变量 x 时就会直接访问地址为 2000H 的内存单元(共 4 个字节),这样就把变量名"x"和变量地址"2000H"关联在一起,或者说变量 x 有了地址,而这个地址就是变量 x 的指针。

由上可知,变量 x 的指针其实就是变量 x 的地址,它是一个数据(2000H)。因此,在编程中可以像对待其他数据一样对指针进行存储、运算等操作。为操作方便,C 语言定义了专门的变量用于存储指针,而这样的变量就叫指针变量。

综上所述,指针其实就是地址,而用来存储指针的变量被称为指针变量。

例如,在程序中先定义一个整型变量"x",然后再定义一个变量"p_x"专门用于存放 x 的地址,此时变量 p_x 就是一个指针变量。在 C 语言中习惯把 p_x 称为"指向 x 的指针变量",或者说"p_x 指向 x"。

因为指针变量 p_x 也是变量,所以在编译时 p_x 也会被分配存储空间。C 语言规定指针变量占 4 个字节。假设变量 x 的地址是 2000H,p_x 的地址是 2010H。那么 2010H~2013H 这 4 个字节中存储的就是 p_x 指向的变量 x 的地址"2000H",如图 7.2 所示。

地址:	2000H	2001H	2002H	2003H	…	2010H	2011H	2012H	2013
存储内容:			x		…		p_x (其值为 2000H)		

图 7.2 变量 x 和指针变量 p_x 的存储情况

有了指针变量,程序可以利用它直接访问内存以提高程序的运行效率,也可以利用它完成一些比较复杂的操作,例如间接存取变量、灵活使用数组、函数多值返回、动态分配内存、链表等。

7.2 指针变量和简单变量

指针变量的应用范围很广,使用方法灵活。下面首先学习如何定义和使用指向简单变量的指针变量。这里的简单变量可以理解为非指针变量。

例如,下面语句中的 a 和 b 都是简单变量。

```
int a;
float b;
```

7.2.1 定义指针变量

作为变量的一种,指针变量同样要遵循"先定义,后使用"的原则。

指针变量的定义格式如下：

类型说明符 ∗ 指针变量名；

其中，类型说明符可以是任何数据类型，它指定了指针变量指向的变量的类型。"∗"是指针运算符，意为"指向"，表明"∗"后面是一个指针变量。

例如：

```
int ∗ p1;              /∗ 定义了一个指向 int 型变量的指针变量 p1 ∗/
float ∗ p2;            /∗ 定义了一个指向 float 型变量的指针变量 p2 ∗/
```

C 语言允许在一条语句中同时定义简单变量和指针变量。例如，下面的语句在定义 char 型变量 "c1" 的同时还定义了一个指向 char 型变量的指针变量 "p3"。

```
char c1, ∗ p3;
```

注意，虽然 C 语言中不同类型变量所占用的存储空间不同，但是指向它们的指针变量所占据的存储空间却都是相同的（4 个字节），存储内容为指针变量指向的变量的地址。

例如：

```
char a, ∗ p_a;
int b, ∗ p_b;
float c, ∗ p_c;
```

上面的语句分别定义了 char 型变量 a、int 型变量 b 和 float 型变量 c，以及分别指向它们的指针变量 p_a、p_b 和 p_c。在 VC++ 6.0 中 char 型变量占一个字节，int 型变量占 4 个字节，float 型变量占 4 个字节，假设三个变量的存储情况如图 7.3 所示。

地址：	2000H	…	2004H	2005H	2006H	2007H	…	2010H	2011H	2012H	2013
存储内容：	a	…			b		…			c	

图 7.3　不同类型变量的存储

根据图 7.3 中的变量存储情况可以使指针变量 p_a 指向 a，即用 p_a 存储变量 a 的地址 2000H；使指针变量 p_b 指向 b，即用 p_b 存储变量 b 的地址 2004H；使指针变量 p_c 指向 c，即用 p_c 存储变量 c 的地址 2010H。

7.2.2　指针变量的初始化

指针变量是指向变量的，是用来存储它所指向的变量的地址的。因此，指针变量必须要初始化，即把它所指向的变量的地址放入指针变量当中。只有初始化之后的指针变量才能正常使用，如果使用未初始化的指针变量，其结果是不可预测的。

指针变量的初始化需要使用取地址运算符 "&"。

例如：

```
int a, ∗ p_a;          /∗ 定义一个 int 型变量 a 和一个指向 int 型变量的指针变量 p_a ∗/
p_a=&a;                /∗ 指针变量初始化，将变量 a 的地址赋给指针变量 p_a ∗/
```

在上例中 "&" 是取地址运算符，"&a" 表示变量 a 的地址，通过 "p_a＝&a;" 就实现了指针变量的初始化,即把变量 a 的地址赋给了指针变量 p_a。也就是说,经过初始化后 p_a 指向 a,或者说 p_a 是指向变量 a 的指针变量。

综上所述,"指针变量初始化"就是给指针变量赋值,只不过这个被赋的值有点特殊,必须是一个编译器分配的地址(7.3节会详细解释)。

7.2.3　指针变量的引用

在明白指针变量如何定义和初始化后,下面讨论指针变量的引用。

指针变量的引用也需要用到指针运算符"*"。在表达式中把"*"放在指针变量之前就是对该指针变量的引用。

指针变量的引用格式如下:

＊指针变量名

例如:

```
int a=3, b, * p_a;          /＊变量的定义＊/
p_a=&a;                     /＊指针变量的初始化,使 p_a 指向 a＊/
b= * p_a;                   /＊引用指针变量 p_a,给变量 b 赋值＊/
```

第1行语句定义了变量 a、b 及指针变量 p_a;第2行的作用是对指针变量 p_a 初始化,将变量 a 的地址赋给指针变量 p_a,使 p_a 指向 a,如图7.4所示。

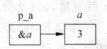

图7.4　指针变量与它所指向变量的关系

第3行语句"b= * p_a;"中的"* p_a"就是对指针变量 p_a 的引用,"* p_a"表示引用 p_a 指向的变量,此时 p_a 指向 a,所以 * p_a 和 a 是等价的,因此语句"b= * p_a;"就相当于"b=a;",其作用是将变量 a 的值赋给变量 b。

语句"b=a;"使用变量名访问变量 a 的内容,这称为直接存取。

语句"b= * p_a;"使用指向变量 a 的指针变量 p_a 访问变量 a 的内容,这称为间接存取。

例7.1　指针变量引用示例。

程序如下:

```
# include < stdio. h >
int main(void)
{
    int a=3, b, * p_a;      /＊定义变量 a、变量 b 和指针变量 p_a＊/
    p_a=&a;                 /＊对指针变量 p_a 进行初始化,使 p_a 指向变量 a＊/
    b= * p_a;               /＊指针变量的引用,给变量 b 赋值,此句相当于"b=a;"＊/
    printf("b=%d\n", b);/＊输出变量 b＊/
    return 0;
}
```

程序运行结果如下:

b=3

在上例中，程序第 5 行"p_a＝&a;"的作用是初始化指针变量 p_a，使 p_a 指向 a；第 6 行"b＝*p_a;"是引用指针变量 p_a 给变量 b 赋值，将 p_a 所指向的变量 a 的值赋给 b，其作用相当于"b＝a;"。

利用指针变量可以实现对变量的间接存取，如例 7.2 所示。

例 7.2　变量直接存取和间接存取示例。

程序如下：

```
# include < stdio. h >
int main(void)
{
int a＝5, * p;
p＝&a;
printf("a＝%d\n", a);              /* 直接存取 */
printf("a＝%d\n", * p);            /* 间接存取 */
return 0;
}
```

程序运行结果如下：

在上例中，第 6 行的语句"printf("a＝%d/n", a);"通过变量名访问变量 a 的内容是直接存取，第 7 行的语句"printf("a＝%d/n", * p);"通过引用指针变量 p 访问变量 a 的内容是间接存取。由程序运行结果可知，直接存取和间接存取都可以实现对变量 a 的访问。

对于上例中 p、*p 和 &a 的含义一定要明确如下：

（1）p 是指针变量，在上例中 p 指向 a，所以 p 中存储的是变量 a 的指针（地址）。

（2）*p 是对指针变量 p 的引用，*p 代表 p 所指向的变量。由于 p 指向 a，所以 *p 代表 a。

（3）&a 代表变量 a 的地址，"&"是取地址符。

例 7.3　编程实现直接访问和间接访问，并演示指针变量与它指向的变量地址的关系。

程序如下：

```
# include < stdio. h >
int main(void)
{
    int a＝3, * p_a;                        /* 定义变量 a 和指针变量 p_a */
    p_a＝&a;                                /* 指针初始化,使 p_a 指向 a */
    printf("直接访问: a＝%d\n", a);          /* 利用变量名直接访问 a */
    printf("间接访问: * p_a＝%d\n", * p_a); /* 引用指针变量 p_a 间接访问 a */
    printf("使用取地址符输出 a 的地址: %d\n", &a);    /* 利用取地址符"&"输出 a 的地
                                                       址 */
    printf("使用指针变量输出 a 的地址: %d\n", p_a);   /* 直接输出指针变量 p_a 的值,同
                                                       样得到 a 的地址 */
    return 0;
}
```

程序运行结果如下:

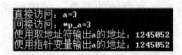

可以看到,上例中的第 4 行定义了变量 a 和指针变量 p_a;第 5 行对指针变量 p_a 进行了初始化,使 p_a 指向 a;第 6 行利用变量名直接访问 a 并输出变量 a 的值;第 7 行引用指针变量 p_a 间接访问 a,并输出 $*p$ 的值;第 8 行利用取地址符"&"获取并输出变量 a 的地址"1245052"(对于不同的用户系统,这个地址会有所变化,不是一定的);第 9 行直接输出指针变量 p_a 的值,同样是变量 a 的地址"1245052"。

综上所述,在指针变量的定义、初始化及引用过程中需要注意以下几点:

(1) 指针和指针变量不同,指针是地址,指针变量是存储指针(地址)的变量。

(2) C 语言规定指针变量占 4 个字节的存储空间(对于 32 位计算机而言)。

(3) 定义指针变量时的类型说明符是指针变量指向的变量的类型,而不是指针变量自身的类型。指针变量定义时的类型说明符和它所指向的变量的类型必须一致,否则非法。例如:

```
int a;              /*定义整型变量 a*/
float *p;           /*定义指向 float 型变量的指针变量 p*/
p=&a;               /*指针变量的初始化,使 p 指向 a,这是非法的,类型不一致*/
```

(4) 给指针变量赋值是将一个已分配的地址赋给一个指针变量,常见的形式有 5 种。

```
p=&x;               /* x 是变量,将变量 x 的地址赋给指针变量 p*/
p=a;                /* a 为数组,将数组名 a 赋给指针变量 p 相当于将 &a[0] 赋给 p*/
p=&a[i];            /* a 为数组,将数组第 i 个元素的地址赋给指针变量 p*/
p=function;         /* function 为函数,将函数 function 的地址赋给指针变量 p*/
p1=p2;              /* p1 和 p2 均为指针变量,将 p2 的值赋给 p1*/
```

注意,不要直接将一个地址赋给指针变量,例如:

```
p=2000H;
```

这个语句是非法的,无法直接将地址 2000H 赋给指针变量 p。因为 C 语言只允许将已经分配好的地址赋给指针变量。同样,也不要将指针变量的值赋给整型变量,因为它们的数据类型不同。例如:

```
int x, y, *p;
p=&x;
y=p;                /*非法,在编译时会发出警告,提示两者数据类型不同*/
```

(5) 指针变量在使用之前必须初始化,否则无法使用。例如:

```
int *p;
```

虽然这个语句定义了一个指针变量 p,但 p 未经初始化,不指向任何变量或函数,不允许使用。这是因为 p 虽然未初始化,但其内部是有值的,只是不知道这个值是多少。此时如果使用它,例如:

　　　　＊p＝3;

则系统会将 p 中的值当成地址,并给这个地址对应的内存单元赋值为 3,然而 p 中的值是未知的,它可能指向内存的任一位置,如果对其赋值,有可能会覆盖系统的重要信息,导致程序出错甚至崩溃。

　　(6) 指针变量可以赋空值,此时指针变量不指向任何变量或函数。例如:

```
＃define NULL 0                    /＊宏定义,NULL 代表 0＊/
p＝NULL;
```

上述语句将 NULL 赋给 p 后,p 的值为 0,即 p 指向地址为 0 的单元。为保证程序正常运行,编译器不会在该单元存放有效数据,或者说有效的指针变量不会指向地址为 0 的内存单元。

7.3　指针变量与一维数组

相对于简单变量,指针变量在处理数组时的优势更为明显。

在第 6 章中曾经说过,数组中的每一个元素都相当于一个变量,它们顺序存储在内存当中,每一个数组元素都有唯一的地址(指针)。因此可以定义指针变量使其指向数组元素,这样在编程时既可以使用下标法引用数组元素,也可以使用指针变量引用数组元素(程序的运行效率更高)。

例如:

```
int str[5]＝{1,2,3,4,5}, ＊p;          /＊定义整型数组 str 和指针变量 p＊/
p＝&str[0];                          /＊使 p 指向数组的首元素 str[0]＊/
printf("%d\n", ＊p);                 /＊引用指针变量输出 str[0]＊/
```

上述方法可以利用指针变量引用数组元素,但若数组元素较多,该方法显得过于烦琐,与下标法相比无明显优势,一般不常使用。使用指针引用数组元素的方法会在下面详细介绍。

7.3.1　作为指针的数组名

前面曾讲过,数组名就是数组首元素的地址,因此数组与指针必然存在一种特殊的关系。

例如:

```
char a[10];                          /＊定义长度为 10 的字符型数组 a＊/
```

假设数组 a 在内存中的存储情况如图 7.5 所示。

地址:	2000H	2001H	2002H	2003H	2004H	2005H	2006H	2007H	2008H	2009H
存储内容:	a[0]	a[1]	a[2]	a[3]	a[4]	a[5]	a[6]	a[7]	a[8]	a[9]

图 7.5　char 型数组 a

由前面已知，数组名 a 和数组首元素 $a[0]$ 的地址"$\&a[0]$"是等价的，都是地址"2000H"。

因此，为方便理解，可以把数组名看作一个指针（其实不够确切，初学者不必细究），其值是数组首元素的地址。但需要注意的是，我们可以说"数组名相当于一个指针"，但绝不能说"数组名相当于一个指针变量"。因为在一个数组被定义后，其数组名是一个常量（即数组首元素地址）不能被修改，在程序运行期间，其值保持不变；而指针变量则是一个变量，其值是可以修改的。

由于数组名作为常量无法被修改，为方便使用指针引用数组元素，通常会定义一个指针变量，并利用数组名对其进行初始化，使这个指针变量指向该数组的首元素。

例如：

```
char a[10], * p;          /* 定义长度为 10 的字符型数组 a 和指针变量 p */
p=a;                      /* 利用数组名 a 对 p 进行初始化,相当于"p=&a[0]" */
```

上面的语句定义了数组 a，并利用数组名对指针变量 p 进行了初始化，这相当于将数组首元素的地址"$\&a[0]$"赋给指针变量 p，使 p 指向数组首元素 $a[0]$。

注意，与数组名 a 不同，p 是一个指针变量，它是可以修改的，在这里定义它的目的就是想利用它引用数组元素，那么怎样修改 p 才能实现对数组中其他元素的引用呢？

7.3.2 使用指针变量引用数组元素

C 语言规定，如果指针变量指向数组中的一个元素，那么 $(p+1)$ 指向同一数组中的下一个元素，而不是简单地将 p 的值（地址）加 1。也就是说，对于"$p+1$"运算，编译器会根据数组元素的数据类型自动将指针 p 的值加上该数据类型的长度。

假设数组 a 是长度为 10 的 int 型数组，则 $a[0]\sim a[9]$ 在内存中顺序存储，且每个数组元素各占 4 个字节，如图 7.6 所示。

地址：	2000H	2001H	2002H	2003H	2004H	2005H	2006H	2007H	…
存储内容：	$a[0]$				$a[1]$				…

图 7.6 int 型数组 a

如果利用数组名 a(2000H)初始化指针变量 p，使 p 指向数组首元素 $a[0]$，则 $(p+1)$ 会自动将指针变量 p 中的地址加 4，从而使 $(p+1)$ 指向数组中的第 2 个元素 $a[1]$，也就是说 $(p+1)$ 对应的地址是 2004H，而不是 2001H。同理，$(p+2)$ 相当于把指针变量 p 中的地址加 8，从而使 $(p+2)$ 指向 $a[2]$，以此类推，直到 $(p+9)$ 指向 $a[9]$。

综上所述，在指针运算中 $p+i$ 所对应的地址其实是 $p+i\times N$，N 代表数组元素的数据类型长度（即数组元素存储时所占的字节长度）。例如，对于 char 型数组 $N=1$，对于 int 型数组 $N=4$，对于 float 型数组 $N=4$，对于 double 型数组 $N=8$。这样，若指针变量 p 指向数组首元素 $a[0]$，那么 $p+i$ 就指向数组元素 $a[i]$。

此外，若指针变量 p 指向数组首元素 $a[0]$，则数组名 a 和指针变量 p 都可以表示数组首元素的地址,所以"$a+i$"和"$p+i$"是等价的,都是数组元素 $a[i]$ 的地址。同样,$a+i$ 也相当于 $a+i\times N$,N 代表数组元素的数据类型长度。

例 7.4　利用指针变量引用数组元素。

程序如下:

```
#include<stdio.h>
int main(void)
{
    int a[10]={1,3,5}, b, c, * p;        /* 定义数组 a、变量 b、变量 c 和指针变量 p */
    p=a;                                 /* 指针变量初始化,使 p 指向 a[0] */
    b= * (p+1);                          /* 引用(p+1)给变量 b 赋值 */
    c= * (a+1);                          /* 引用(a+1)给变量 c 赋值 */
    printf("b=%d, c=%d, a[1]=%d\n", b, c,a[1]);  /* 输出变量 b、c 和数组首元素 a[1] */
    return 0;
}
```

程序运行结果如下:

`b=3, c=3, a[1]=3`

可以看到,在上例中"$*(p+1)$"和"$*(a+1)$"都是对数组元素 $a[1]$ 的引用,因此 $*(p+1)$、$*(a+1)$ 和 $a[1]$ 三者是等价的。

但是需要注意,对于数组 a 而言,$*(a+i)$ 和 $a[i]$ 是无条件等价的;$*(p+i)$ 和 $*(a+i)$ 虽然也等价,但是指针变量 p 和数组名 a 是有本质区别的。p 是指针变量,它的值可以改变,如递增 $p++$ 或递减 $p--$;而 a 是数组名,是常量,其值为数组首元素 $a[0]$ 的地址,不能改变,不允许对 a 进行递增、递减运算。这就类似于 C 语言允许对变量 i 进行递增、递减,得到 $i++$ 和 $i--$;但不允许对一个常量进行递增、递减,如 $5++$、$5--$ 都是非法的。

对于初学者而言,其实不用担心有关指针的运算,因为实际编程中常用的指针运算只有两种——指针递增和指针递减。

例 7.5　指针递增示例。

程序如下:

```
#include<stdio.h>
int main(void)
{
    int a[10]={0,1,2,3,4,5,6,7,8,9}, i, * p_a;     /* 定义数组 a、变量 i 和指针变量 p_a */
    double b[10]={0,1,2,3,4,5,6,7,8,9}, * p_b;      /* 定义数组 b、指针变量 p_b */
    p_a=a;                                 /* 用数组名初始化指针,使 p_a 指向 a[0] */
    p_b=b;                                 /* 同上句,使 p_b 指向 b[0] */
    for(i=0;i<=9;i++)                      /* 输出数组 a 和数组 a 中的所有元素 */
        printf("%5d%10.2f\n", * p_a++, * p_b++);  /* 利用指针递增引用数组元素 */
    return 0;
}
```

程序运行结果如下:

在上例中,第 4 行定义了长度为 10 的 int 型数组 a、变量 i 和指向 int 型变量的指针变量 p_a;第 5 行定义了长度为 10 的 double 型数组 b 和指向 double 型变量的指针变量 p_b;第 6 行和第 7 行分别利用数组名 a 和 b 对指针 p_a 和 p_b 进行了初始化,使 p_a 指向 a[0],p_b 指向 b[0];第 8 行和第 9 行是 for 循环结构,用于逐个输出数组 a 和数组 b 的元素;第 9 行中利用递增运算符使指针 p_a 和 p_b 递增,指向下一个数组元素。对于数组 a,指针 p_a 加 1,地址自动加 4,指向数组 a 的下一个数组元素。对于数组 b,指针 p_b 加 1,地址自动加 8,指向数组 b 的下一个数组元素。由此可以看到,对于指针运算而言,只需熟悉递增、递减运算即可,对具体地址运算无须关心,由系统自动完成。

对于数组元素输出而言,本程序和使用下标法编写的程序相比并无优势,但是在复杂程序中指针变量的优势会非常明显,其程序运行效率更高。

7.3.3 使用指针变量处理字符串

在第 5 章曾提到字符串是用字符数组来处理的,其实也可以声明一个指向 char 型的指针变量用于处理单个字符或字符串。

如果用字符数组处理字符串"Hello!",语句一般如下:

char a[]="Hello!";

同样的任务也可以用指针变量完成,如例 7.6。

例 7.6 两种字符串输出方法。

程序如下:

```
#include<stdio.h>              #include<stdio.h>
int main(void)                 int main(void)
{                              {
    char a[]="Hello!";             char *a="Hello!";
    printf("%s\n", a);             printf("%s\n", a);
    return 0;                      return 0;
}                              }
```

上例两段程序的运行结果相同,如下所示:

Hello!

但是程序运行过程却不同,左侧程序是利用字符数组"a[]"存放字符串"Hello!",然后利用数组名"a"输出整个字符串。

右侧程序则是利用指针变量 a 来访问输出字符串,其具体过程如下:

(1)"char *a="Hello!";"在定义指向 char 型的指针变量 a 的同时对其初始化,将字符串的首个字符(即 H)的地址赋给指针变量 *a*(**一定要注意绝不是将整个字符串常量赋给 *a***)。这一语句和下面两行语句是等价的:

```
char * a;
a="Hello!";
```

(2) %s 是字符串输出的格式符。在输出时系统先输出指针 *a* 指向的字符"H",然后指针 *a* 自动加 1,指向字符串中的下一个字符"e"。

(3) 在输出字符"e"之后指针 *a* 自动加 1,指向字符串中的下一个字符"l"。

(4) 如此循环,直到遇到字符串结束标志'\0'为止。

上例中的左、右两段程序一个使用字符数组,一个使用指针变量,都可以处理字符串,但两者存在一些区别。

(1) 存储内容不同:"a[]"是一个字符数组,数组长度为 7,其中存放的是字符串,每个数组元素存放一个字符,最后一个数组元素存放'\0'。指向 char 型的指针变量"*a*"则是一个变量,其中存放的是字符串首个字符"H"的地址。

(2) 运算方式不同:两段程序中都有 *a*,含义却大不相同,左边程序中的 *a* 是数组名,是字符数组中的首元素地址,是常量,其值不可变;而右边程序中的 *a* 是指针变量,其值可变。对于数组名 *a* 而言,递增运算"*a*++"是非法的;而对于指针变量 *a* 而言,递增运算"*a*++"是合法的。

(3) 赋值方式不同:字符数组 *a* 如果想利用字符串整体赋值,只能在定义时进行。例如:

```
char a[]="Hello!";          / * 合法 * /
```

若分成以下两句则是非法的:

```
char a[];
a[]="Hello!";               / * 非法,编译出错 * /
```

而指针变量既可以在定义时赋值,也可以使用赋值语句赋值。例如:

```
char * a="Hello!";          / * 合法 * /
```

若分成以下两句也是合法的:

```
char * a;
a="Hello!";                 / * 合法,但要注意此时是将字符串首字符的地址赋给 a,
                              而不是将整个字符串常量赋给 a * /
```

通过对比可以发现,使用指针变量处理字符串更加方便、灵活。

7.3.4 指针运算

除了递增和递减运算外,指针还有其他的运算形式。

1. 指针相减

如果两个指针变量指向同一个数组的不同元素,则指针变量之差就是两个数组元素的距离。

例如,两个指针变量 p1 和 p2 分别指向同一个 int 型数组的两个元素,p1 指向的数组元素地址是 2000H,p2 指向的数组元素地址是 2008H,则表达式"p1－p2"的运算结果为 2,即 p1 和 p2 存储的地址之差再除以数组元素所占的字节数 N(int 型数组元素占 4 个字节,所以 N＝4)。

2. 指针比较

如果两个指针变量指向同一个数组的不同元素,则这两个指针变量可以使用关系运算符进行比较,如＝＝、!＝、<,>、<＝、>＝等。

仍以两个指针变量 p1 和 p2 为例,二者分别指向同一个数组的两个元素,p1 指向的数组元素地址是 2000H,p2 指向的数组元素地址是 2008H,则表达式"p1<p2"为真,其他关系运算与此类似,不再赘述。

需要注意的是,对于关系运算,若 p1 和 p2 指向不同数组,则二者的比较无意义。

3. 其他运算

加法、乘法和除法对指针而言无意义。

7.4　指针变量与函数

7.4.1　指针变量作为函数参数

指针变量作为变量的一种也是可以用作函数参数的,此时它的作用是将指针指向的变量地址传递给函数,如例 7.7。

例 7.7　以指针变量为函数参数实现对两个数从大到小的排序并输出。

程序如下:

```
#include<stdio.h>
void sorting(int * p1,int * p2)        /*定义函数 sorting 进行数据交换*/
{
    int t;
    t= * p1;                           /*将 p1 指向的变量的值赋给变量 t*/
    * p1= * p2;                        /*将 p2 指向的变量的值赋给 p1 指向的变量*/
    * p2=t;                            /*将变量 t 的值赋给 p2 指向的变量*/
}

int main(void)
{
    int a,b;
    int * p_a=&a, * p_b=&b;            /*定义指针变量 p_a 和 p_b 并初始化,使 p_a 指向 a、p_b
                                         指向 b*/
    printf("请输入两个数: \n");
    scanf("%d, %d", &a, &b);
```

```
    if(a<b)                          /* 如果 a<b,则二者的值互换 */
        sorting(p_a,p_b);
    printf("从大到小排序: \n%d,%d\n",a,b);
    return 0;
}
```

程序运行结果如下：

可以看到,上例中函数 sorting 的实参和形参都是指针变量。其中,p_a 和 p_b 为实参,分别指向变量 a 和 b;p1 和 p2 为形参,分别用于接收实参 p_a 和 p_b。

函数 sorting 的作用是对形参 p1 和 p2 指向的两个变量进行数值交换。在调用函数 sorting 时,实参到形参仍然是单向值传递,但要注意此时被传递的值是地址。函数被调用时,p_a 中的地址传递给 p1,使 p1 也指向变量 a;p_b 中的地址传递给 p2,使 p2 也指向变量 b,如图 7.7(a)所示。

之后,函数 sorting 通过指针 p1 和 p2 的引用对它们所指向的变量进行数值交换,即互换 * p1 和 * p2。在这个过程中需要注意程序是通过形参 p1 和 p2 中的地址"&a"和"&b"找到相应内存单元(即变量 a 和变量 b),并对两个内存单元(a 和 b)的存储内容进行互换的,如图 7.7(b)所示。数值互换操作的处理对象是形参中的地址所指向的**内存单元**。

函数 sorting 调用结束后,形参 p1 和 p2 立即释放,实参 p_a 和 p_b 保持不变,但变量 a 和 b 的值在函数调用中完成了互换,其结果如图 7.7(c)所示。

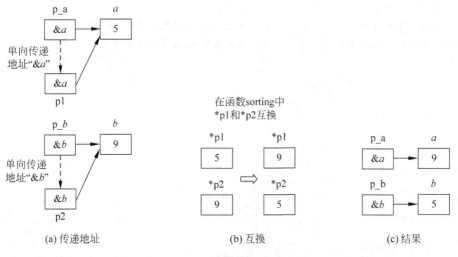

图 7.7 程序运行过程

如果读者仍感到困惑,请认真分析以下内容。

当指针变量为函数参数时,被传递的值其实是内存单元的地址(在上例中分别是"&a"和"&b")。被调函数通过形参获取地址后,通过引用形参直接实现了对变量 a 和 b

所在内存单元的操作。函数调用结束后,形参虽然释放,但通过函数调用,函数执行过程中对内存单元造成的改变仍然存在。简单来说,例 7.7 的运行结果产生的原因是函数 sorting 实际处理的对象是形参所指向的内存单元(a 和 b)。

7.4.2 数组名作为函数参数

在第 6 章曾介绍过数组名做函数参数的用法,即数组名作为函数实参时对应形参可以是数组名或指针变量。在函数调用时,编译器不给形参数组单独分配内存,而是在实参与形参之间进行地址传递,将实参数组首地址传递给形参数组,使实参数组和形参数组共享同一段内存空间,如果形参数组发生变化,则实参数组也随着变化。

上面的描述其实不够准确,是在读者缺乏指针知识的基础上所做的解释。

在学了指针的内容后,数组名做函数参数的具体过程可解释如下:

(1) 在 C 语言中,编译器一般是把形参数组名作为指针变量来处理的。例如,对于函数定义而言,"int function(int a[])"和"int function(int * a)"是等价的。function 函数被调用时编译器会将函数定义中的形参数组名 a 当成指针变量来处理,即函数调用时编译器会建立一个指针变量 a 而不是数组 $a[]$,用于存储从主调函数传来的实参数组首地址。

(2) 在整个函数调用过程中,$*(a+i)$ 与形参数组元素 $a[i]$ 无条件等价。

所以说,当数组名做函数参数时函数形参的实质是指针变量,如例 7.8。

例 7.8 利用函数输出数组中的最大值。

程序如下:

```
#include<stdio.h>
#define LENGTH 5                    /* 宏定义,定义数组长度 LENGTH */
int max(int a[], int m)             /* 函数定义,取数组最大值 */
{
    int i, t;
    t=a[0];
    for(i=1;i<m;i++)
        if(t<a[i])
            t=a[i];
    return t;
}

int main(void)
{
    int a[LENGTH], n;
    printf("请输入一个长度为%d 的数组: \n", LENGTH);
    for(n=0;n<LENGTH;n++)
        scanf("%d", &a[n]);
    printf("该数组最大元素为: %d\n", max(a,LENGTH));    /* 函数调用 */
    return 0;
}
```

程序运行结果如下：

如果把第 3 行的"int max(int a[],int m)"改成"int max(int * a,int m)"，程序运行结果不变，因为编译器对形参数组名 a 是当成指针变量 a 处理的。同样，如果把第 17 行"scanf("%d"，&a[n])；"变成"scanf("%d"，a+n)；"，程序运行结果也不变，因为"$a+n$"和"$&a[n]$"都是形参数组第 n 个元素 $a[n]$ 的地址。

通过前面两节内容的学习可知，如果希望通过函数调用改变实参数组，则实参和形参的形式可以有以下 4 种：

（1）实参和形参都用数组名。

程序如例 7.8。

（2）实参和形参都用指针变量。

程序如下：

```
#include<stdio.h>
#define LENGTH 5
int max(int * a,int m)                  /* 函数定义,取数组最大值 */
{
    int i, t;
    t= * a;
    for(i=1;i<m;i++)
        if(t< * (a+i))
            t= * (a+i);
    return t;
}


int main(void)
{
    int a[LENGTH], n, * p_a;
    printf("请输入一个长度为%d的数组：\n", LENGTH);
    for(n=0;n<LENGTH;n++)
        scanf("%d", &a[n]);
    p_a=a;
    printf("该数组最大元素为：%d\n", max(p_a,LENGTH));       /* 函数调用 */
    return 0;
}
```

（3）实参用数组名，形参用指针变量。

程序如下：

```
#include<stdio.h>
#define LENGTH 5
int max(int * a,int m)                  /* 函数定义,取数组最大值 */
{
    int i, t;
```

```
        t= * a;
        for(i=1;i<m;i++)
            if(t<*(a+i))
                t= *(a+i);
        return t;
    }


int main(void)
{
    int a[LENGTH], n;
    printf("请输入一个长度为%d 的数组：\n", LENGTH);
    for(n=0;n<LENGTH;n++)
        scanf("%d", &a[n]);
    printf("该数组最大元素为：%d\n", max(a,LENGTH));        /* 函数调用 */
    return 0;
}
```

（4）实参用指针变量，形参用数组名。

程序如下：

```
#include<stdio.h>
#define LENGTH 5
int max(int a[],int m)                    /* 函数定义，取数组最大值 */
{
    int i, t;
    t=a[0];
    for(i=1;i<m;i++)
        if(t<a[i])
            t=a[i];
    return t;
}


int main(void)
{
    int a[LENGTH], n, *p_a;
    printf("请输入一个长度为%d 的数组：\n", LENGTH);
    for(n=0;n<LENGTH;n++)
        scanf("%d", &a[n]);
    p_a=a;
    printf("该数组最大元素为：%d\n", max(p_a,LENGTH));        /* 函数调用 */
    return 0;
}
```

对于上面 4 种不同的实参、形参形式请读者注意体会。另外，为保持形式上的统一，在上述 4 段程序中函数 max 的内容稍有不同，但其作用是相同的，可以互换，程序运行结果不变。

7.5　指针的高级应用

7.5.1　指针与多维数组

指针变量可以指向一维数组中的元素,也可以指向多维数组中的元素,只不过指向多维数组元素的指针应用更加复杂。为方便读者理解,下面仍以二维数组为例。

在第 5 章中,为方便读者理解二维数组的存储情况,把二维数组看成一种由"行元素"构成的特殊的一维数组。每个行元素都可以认为是一个一维数组,对应二维数组的一行。在掌握了指针的概念后,可以方便读者更好地理解二维数组的数组名和行元素的概念。

与一维数组类似,二维数组名也是数组首元素的地址,需要注意的是,这个首元素指的是二维数组的首个行元素,即二维数组名是该数组首个行元素的地址。

以二维数组 $a[2][3]$ 为例,若该数组定义如下:

int a[2][3]＝{1,2,3,4,5,6};

则 $a[2][3]$ 在内存中的存储情况如图 7.8 所示。

数组元素的值:	1	2	3	4	5	6
数组元素:	a[0][0]	a[0][1]	a[0][2]	a[1][0]	a[1][1]	a[1][2]
行元素:	a[0]			a[1]		

图 7.8　$a[2][3]$ 在内存中的存储

如图 7.8 所示,$a[2][3]$ 的所有数组元素都顺序存储在内存当中。其中,$a[2][3]$ 的首个行元素 $a[0]$ 与二维数组的第 1 行对应,相当于一个名为 $a[0]$ 的一维数组,且该一维数组包括三个元素 $a[0][0]$、$a[0][1]$ 和 $a[0][2]$。根据第 5 章的内容可知,行元素 $a[0]$ 作为一维数组名,其值是该一维数组首元素的地址,即行元素 $a[0]$ 就是数组元素 $a[0][0]$ 的地址,或者说行元素 $a[0]$ 和 $a[0][0]$ 的地址"$\&a[0][0]$"是等价的。

为说明上述内容,请读者仔细阅读并体会例 7.9。

例 7.9　二维数组不同元素的输出情况。

程序如下:

```c
#include<stdio.h>
int main(void)
{
    int a[2][3]={{1,2,3},{4,5,6}};
    printf("a[0][0]的地址为: %d\n", &a[0][0]);      /*输出a[0][0]的地址*/
    printf("行元素a[0]的值为: %d\n", a[0]);          /*输出行元素a[0]的值*/
    printf("数组名a的值为: %d\n", a);                /*输出数组名a的值*/
    printf("a[1][0]的地址为: %d\n", &a[1][0]);      /*输出a[1][0]的地址*/
    printf("行元素a[1]的值为: %d\n", a[1]);          /*输出行元素a[1]的值*/
    printf("a[0][0]的值为: %d\n", a[0][0]);          /*输出a[0][0]的值*/
    printf("*a[0]的值为: %d\n", *a[0]);              /*输出*a[0]的值*/
    printf("*a的值为: %d\n", *a);                    /*输出*a的值*/
```

```
        printf(" ** a 的值为：%d\n", ** a);                    /* 输出 ** a 的值 */
        return 0;
}
```

程序运行结果如下：

```
a[0][0]的地址为：1245032
行元素a[0]的值为：1245032
数组名a的值为：1245032
a[1][0]的地址为：1245044
行元素a[1]的值为：1245044
a[0][0]的值为：1
*a[0]的值为：1
*a的值为：1245032
**a的值为：1
```

上例在定义了整型二维数组 $a[2][3]$ 之后分别输出了 $a[0][0]$ 的地址、行元素 $a[0]$、数组名 a、$a[1][0]$ 地址、行元素 $a[1]$、$a[0][0]$、$*a[0]$、$*a$ 和 $**a$ 共 9 个数据。

程序第 5 行输出的是二维数组首元素 $a[0][0]$ 的地址。在笔者的计算机中，$a[0][0]$ 地址为 1245032（根据计算机不同，该地址可能变化）。因此，二维数组 $a[2][3]$ 的所有数组元素都从"1245032"这个内存地址开始顺序排列。因为一个 int 型数据占 4 个字节，所以二维数组 $a[2][3]$ 占据的内存范围为 1245032～1245055，共计 24 个字节。

程序第 6 行输出的是行元素 $a[0]$ 的值，可以看到 $a[0]$ 的值也是地址 1245032。这是因为行元素 $a[0]$ 对应二维数组 $a[2][3]$ 的第 1 行，它相当于一个名为 $a[0]$ 的一维数组。因此，$a[0]$ 的值是该一维数组首元素 $a[0][0]$ 的地址，或者说行元素 $a[0]$ 和 $a[0][0]$ 的地址 $\&a[0][0]$ 是等价的，即" $a[0]$ 与 $\&a[0][0]$ 等价，是一个地址"。

程序第 7 行输出的是二维数组名 a。前面提过二维数组名是该二维数组首个行元素的地址，因此 a 与 $\&a[0]$ 等价。因为 $a[0]$ 本身也是一个地址（等价于 $\&a[0][0]$），所以二维数组名 a 是一个地址的地址。需要提醒读者注意的是，在 C 语言中二维数组名 a 与行元素 $a[0]$ 虽然含义不同，但是取值相同。因此，二维数组名 a 的值也是 1245032。这一点对于初学者来说可能难以理解，可以将其作为一个硬性规定来记忆。

程序第 8 行输出的是 $a[1][0]$ 的地址，其值为 1245044。

程序第 9 行输出的是行元素 $a[1]$ 的值。根据行元素的含义可知，行元素 $a[1]$ 就是 2 维数组第 2 行第 1 个元素 $a[1][0]$ 的地址，因此 $a[1]$ 的值也是 1245044。

程序第 10 行输出的是数组元素 $a[0][0]$，根据二维数组的初始化内容，$a[0][0]$ 的值为 1。

程序第 11 行输出的是 $*a[0]$ 的值。$a[0]$ 是二维数组 a 的首个行元素，其值是数组元素 $a[0][0]$ 的地址" $\&a[0][0]$ "。从指针角度来说，$a[0]$ 其实相当于一个指针，它指向 $a[0][0]$。因此，$*a[0]$ 其实就是对数组元素 $a[0][0]$ 的引用，其值为 1。

程序第 12 行输出的是 $*a$ 的值，是对二维数组名 a 的引用。由前面的内容可知，二维数组名 a 是行元素 $a[0]$ 的地址" $\&a[0]$ "。从指针角度来说，a 指向行元素 $a[0]$。因此，$*a$ 就是对行元素 $a[0]$ 的引用。由程序第 6 行可知，$a[0]$ 的值为 1245032，所以 $*a$ 的值为 1245032。

对于程序第 12 行也可以这样理解。二维数组名 a 是行元素 $a[0]$ 的地址" $\&a[0]$ "，因此" $*a$ "就等价于" $*\&a[0]$ "。因为指针运算符" $*$ "和取地址运算符" $\&$ "可以看成一对逆运算符,"$*\&a[0]$"就相当于"$a[0]$",所以"$*a$"的值为 1245032。

程序第 13 行输出的是 $**a$ 的值。由程序第 12 行可知"$*a$"相当于"$a[0]$",因此"$**a$"就相当于"$*a[0]$",与程序第 11 行一样,是对数组元素 $a[0][0]$ 的引用,所以 $**a$ 等价于 $a[0][0]$,其值为 1。

根据程序运行结果可知,二维数组 $a[2][3]$ 在内存中的详细存储情况如图 7.9 所示(以笔者的计算机为例)。

地址:	1245032	1245036	1245040	1245044	1245048	1245052	...
存储内容:	1	2	3	4	5	6	
数组元素:	$a[0][0]$	$a[0][1]$	$a[0][2]$	$a[1][0]$	$a[1][1]$	$a[1][2]$	
行元素:	$a[0]$			$a[1]$			...
数组名:	a						

图 7.9 $a[2][3]$ 的详细存储情况

对于上例的程序运行结果,特别需要提醒读者注意的是,a、$a[0]$、$\&a[0][0]$ 虽然取值相同,但含义不尽相同。$\&a[0][0]$ 是数组元素 $a[0][0]$ 的地址。$a[0]$ 是二维数组的首个行元素,它对应二维数组的第 1 行,其值为数组元素 $a[0][0]$ 的地址。对 C 语言而言,"$\&a[0][0]$"和"$a[0]$"是等价的,两者可以互换。而二维数组名 a 是一个地址的地址,它指向的是行元素 $a[0]$,其值虽然与 $a[0]$ 和 $\&a[0][0]$ 相同,但含义却不同。

另外,"行元素"的说法并不确切,只是为方便初学者理解二维数组而提出的过渡性概念。对 C 编译器而言,并不存在 $a[0]$ 和 $a[1]$ 这样的实际变量,$a[0]$ 和 $a[1]$ 其实都是地址。但为了描述方便,在后面仍会沿用行元素的说法。

下面在理解二维数组与指针的基础上简单介绍一下指针变量在二维数组中的应用。

指向多维数组的指针变量的常见应用方法有两种,一种是指向数组元素的指针变量;另一种是指向由 m 个元素构成的一维数组的指针变量。

1. 指向数组元素的指针变量

例 7.10 利用指针变量输出二维数组。

程序如下:

```
#include<stdio.h>
int main(void)
{
    int *p, a[2][3]={{1,2,3},{4,5,6}};        /*定义指针变量p和二维数组a*/
    p=&a[0][0];                                /*使p指向数组a的首元素a[0][0]*/
    for(;p<&a[0][0]+6;p++)
    {
        if((p-&a[0][0])%3==0)                  /*每行输出三个元素*/
            printf("\n");
        printf("%5d", *p);
    }
    printf("\n");
```

```
    return 0;
}
```

程序运行结果如下：

在上例中定义了一个指针变量 p 并通过语句"p=&a[0][0];"对 p 进行了初始化，使 p 指向二维数组元素 a[0][0]。在之后的 for 循环中，每次输出一个数组元素后 p 的值加 1(表面上 p 的值加 1，其实系统自动把 p 中的地址加 4)，使 p 指向数组中的下一个元素，直到数组元素全部输出，循环结束。

根据前面所讲的内容，如果把语句"p=&a[0][0];"换成"p=a[0];"，程序运行结果不变。但如果把"p=&a[0][0];"换成"p=a;"，程序编译会提示"'int *' differs in levels of indirection from 'int (*)[3]'"，即参数不匹配。

2. 指向由 m 个元素构成的一维数组的指针变量

在例 7.10 中利用指向数组元素的指针变量 p 实现了二维数组元素的输出，其实还可以采用另一种方法输出二维数组元素，即定义一个指针变量 p，不使它指向数组元素而使它指向包含 m 个元素的一维数组，其定义格式如下：

类型标识符(* 变量名)[N];

其中，类型标识符用于指定一维数组元素的数据类型，"*"表示的变量是指针变量，[N]表示指针变量指向的一维数组的长度。这种指针变量常用于指向多维数组的一行，因此也可称之为"行指针"。

对于指向由 m 个元素构成的一维数组的指针变量需要注意以下几点：

(1) 在定义中将"(* 变量名)"括起来的小括号不能省略。

(2) 在定义中 N 必须是整型常量表达式。

(3) 行指针一经定义就只能指向一行，不能指向一行中的某个元素。

(4) 对于行指针，递增、递减等运算都是以行为单位进行的，假设行指针 p 指向第 2 行，则 $p++$ 使行指针指向第 3 行，$p--$ 使行指针指向第 1 行，$p+i$ 使行指针指向第 $i+2$ 行。

(5) 对于行指针 p 而言，$*p+i$ 是该行第 i 个元素的地址。

例 7.11 行指针应用示例。

程序如下：

```
#include<stdio.h>
int main(void)
{
    int a[3][3]={1,2,3,4,5,6,7,8,9};        /* 定义二维数组 a[3][3] */
    int (*p)[3];                            /* 定义行指针 p */
    p=a;                                    /* 初始化行指针 p */
    printf("a[0][0]的地址为: %d\n", &a[0][0]);  /* 输出 a[0][0]的地址 */
```

```
        printf("行元素 a[0]的值为: %d\n", a[0]);          /* 输出行元素 a[0]的值 */
        printf("行指针 p 的值为: %d\n", p);               /* 输出行指针 p 的值 */
        printf(" * p 的值为: %d\n", * p);                 /* 输出 * p 的值 */
        printf(" * p+1 的值为: %d\n", * p+1);             /* 输出 * p+1 的值 */
        printf(" * ( * p+1)的值为: %d\n", * ( * p+1));    /* 输出 * ( * p+1)的值 */
        printf(" * (p+1)的值为: %d\n", * (p+1));          /* 输出 * (p+1)的值 */
        return 0;
}
```

程序运行结果如下:

```
a[0][0]的地址为: 1245020
行元素a[0]的值为: 1245020
行指针p的值为: 1245020
*p的值为: 1245020
*p+1的值为: 1245024
*(*p+1)的值为: 2
*(p+1)的值为: 1245032
```

在上例中,程序第 4 行定义了一个 3 行 3 列的整型二维数组 a,其存储情况如图 7.10 所示。

值	1	2	3	4	5	6	7	8	9
数组元素	a[0][0]	a[0][1]	a[0][2]	a[1][0]	a[1][1]	a[1][2]	a[2][0]	a[2][1]	a[2][2]
地址	1245020	1245024	1245028	1245032	1245036	1245040	1245044	1245048	1245052

图 7.10　二维数组的存储情况

程序第 5 行定义了一个行指针 p,该指针可指向长度为 3 的整型一维数组。

程序第 6 行利用数组名给行指针 p 进行了初始化。

程序第 7 行用于输出二维数组元素 $a[0][0]$ 的地址,其值为 1245020(根据计算机不同,该值可能不同)。

程序第 8 行用于输出行元素 $a[0]$。根据例 7.9 有关行元素的内容可知,$a[0]$ 的值应该是 $a[0][0]$ 的地址“$\&a[0][0]$”,其值也是 1245020。

程序第 9 行用于输出行指针 p 的值。根据例 7.9 的内容可知,二维数组名 a 是该数组首个行元素 $a[0]$ 的地址“$\&a[0]$”。因此,在利用二维数组名 a 给 p 赋值后 p 代表行元素 $a[0]$ 的地址,或者说 p 指向行元素 $a[0]$。因为 $a[0]$ 代表二维数组的第 1 行,所以 p 指向二维数组的第 1 行。p 的值就是二维数组名 a 的值,其值为 1245020。

程序第 10 行用于输出 $* p$ 的值。因为 p 指向行元素 $a[0]$,所以 $* p$ 是对行元素 $a[0]$ 的引用,即 $* p$ 代表行元素 $a[0]$,其值为 1245020。但是要注意,因为 p 是行指针变量,所以 $* p$ 是可以通过程序改变的,而 $a[0]$ 是不变的。

程序第 11 行用于输出 $* p+1$ 的值。$* p$ 代表行元素 $a[0]$,是二维数组首行首元素 $a[0][0]$ 的地址,或者说 $* p$ 指向二维数组首行首元素 $a[0][0]$,因此 $* p+1$ 自动指向该行的下一个元素 $a[0][1]$。$* p+1$ 的值就是 $a[0][1]$ 的地址 1245024。

程序第 12 行用于输出 $* (* p+1)$ 的值。因为 $* p+1$ 指向 $a[0][1]$,所以 $* (* p+1)$ 就代表 $a[0][1]$,其值为 2。

　　程序第 13 行用于输出 $*(p+1)$ 的值。因为行指针的运算是按行进行的，p 指向二维数组的第 1 行，$*p$ 代表元素 $a[0]$，所以 $p+1$ 就指向二维数组的第 2 行，$*(p+1)$ 代表行元素 $a[1]$，其值为二维数组的第 2 行首元素的地址 1245032。

　　综上所述，行指针在上例中的应用情况如图 7.11 所示。

值	1	2	3	4	5	6	7	8	9
数组元素	$a[0][0]$	$a[0][1]$	$a[0][2]$	$a[1][0]$	$a[1][1]$	$a[1][2]$	$a[2][0]$	$a[2][1]$	$a[2][2]$
地址	1245020	1245024	1245028	1245032	1245036	1245040	1245044	1245048	1245052
引用	$*p$	$*p+1$	$*p+2$	$*p+3$	$*p+4$	$*p+5$	$*p+6$	$*p+7$	$*p+8$
行指针	$*p$			$*(p+1)$			$*(p+2)$		

图 7.11　行指针示例

　　由图 7.11 可进一步明确行指针 p 指向二维数组的第 1 行，$p+1$ 指向第 2 行，$p+2$ 指向第 3 行，行指针的运算是按行进行的。

　　例 7.12　利用行指针输出二维数组的某个元素。

　　程序如下：

```
# include < stdio. h >
int main(void)
{
    int a[3][3]={1,2,3,4,5,6,7,8,9};              /* 定义二维数组 a[3][3] */
    int ( * p)[3],i,j;                            /* 定义行指针 p 和整型变量 i,j */
    p=a;                                          /* 初始化行指针 p */
    printf("请指定元素所在的行和列:\n");
    scanf("%d,%d",&i,&j);                         /* 输入元素所在的行和列 */
    printf("a[%d][%d]=%d\n",i,j,*(*(p+i)+j)); /* 输出 a[i][j] */
    return 0;
}
```

　　程序运行结果如下：

```
请指定元素所在的行和列:
1,2
a[1][2]=6
```

　　上述程序的运行过程请读者根据例 7.11 的内容自行分析。

　　和一维数组类似，二维数组名也可以做函数实参，如例 7.13。

　　例 7.13　利用行指针输出二维数组中的最大值。

　　程序如下：

```
# include < stdio. h >
int max(int ( * p)[3])                            /* 定义函数 max */
{
    int t,i,j;
    t= * ( * (p+0)+0);                            /* 利用行指针初始化变量 t */
    for(i=0;i<3;i++)
        for(j=0;j<3;j++)
```

```
        if( * ( * (p+i)+j)>t)
            t= * ( * (p+i)+j);
    return t;
}

int main(void)
{
    int a[3][3]={1,2,3,4,5,6,7,8,9};                    /* 定义二维数组 a[3][3] */
    printf("二维数组最大值为: %d\n",max(a));            /* 输出最大值 */
    return 0;
}
```

程序运行结果如下：

二维数组最大值为: **9**

在上例中需要注意的是函数形参的类型，可以看到当二维数组名 *a* 做函数实参时形参类型是行指针。对于该程序的具体运行过程这里不再赘述，请读者自行分析。

7.5.2 指向函数的指针变量

在 C 语言中，每一个函数都有一个入口地址，也可以理解为函数的开始地址（在程序编译时分配），这个地址就是函数的地址，即函数的指针。如果定义一个指针变量并用某个函数的指针给它赋值，则该指针变量就指向这个函数，之后就可以通过指针变量调用这个函数了。

指向函数的指针变量的定义格式如下：

返回值类型(* 指针变量名)(形参列表);

例如：float (* p)(float x, float y);

其中，float 是指针变量 p 指向的函数的返回值类型；p 是指针变量名；(float x, float y)是指针变量 p 指向的函数的形参列表。

例 7.14 利用指向函数的指针改写例 6.1，输出两数之和。

程序如下：

```
#include<stdio.h>
int add(int x, int y)                                   /* 定义函数 add */
{
    int t;
    t=x+y;
    return t;
}

int main(void)
{
    int a, b;
    int ( * p)(int x, int y);                           /* 定义指向函数的指针变量 p */
    p=add;                                              /* 使指针变量 p 指向函数 add */
    printf("请输入两个整数: \n");
```

```
        scanf("%d,%d",&a,&b);
        printf("两数之和是：%d\n", add(a,b));        /*利用函数名 add 调用函数*/
        printf("两数之和是：%d\n", (*p)(a,b));        /*利用指针变量 p 调用函数*/
        return 0;
    }
```

程序运行结果如下：

可以看到，被调函数 add 的定义与例 6.1 一样，没有变化，主要区别在主函数 main，即第 11 行通过语句"int (*p)(int x, int y);"定义了一个指向函数的指针变量 p，然后利用第 12 行语句"p＝add;"使指针变量 p 指向了函数 add。第 15 行利用函数名实现了函数调用，第 16 行利用指针变量 p 实现了函数调用，二者结果相同。

对于指向函数的指针需要注意以下几点：

（1）函数调用可以通过函数名调用，也可以通过指向函数的指针变量调用。

（2）在定义一个指向函数的指针变量之后，这个指针变量就是专门用于存放函数指针的。它不是固定指向某一个函数的，而是哪个函数的指针赋给它，它就指向哪个函数。

（3）在定义指向函数的指针变量时必须要用小括号"()"将*和指针变量名括起来，如果将上例中的语句"int (*p)(int x, int y);"改成"int *p(int x, int y);"，因为"*"的优先级低于将形参列表括起来的小括号"()"，所以语句"int *p(int x, int y);"的作用是定义了一个返回值为 int 型指针的函数 p。

（4）指向函数的指针变量在赋值时只需函数名，不必给出函数参数。

例如：

```
p＝add;              /*合法*/
p＝add(a,b);         /*非法*/
```

（5）利用指针变量调用函数时有两种方式，一种是将函数名换成(*指针变量)，并在其后的括号内写上实参。例如：

```
add(a,b);            /*利用函数名调用函数,a、b 为实参*/
(*p)(a,b);           /*(*p)明确指明这是利用指针变量 p 调用函数,a、b 为实参*/
```

另一种是将函数名换成指针变量，并在其后的括号内写上实参。例如：

```
add(a,b);            /*利用函数名调用函数,a、b 为实参*/
p(a,b);              /*利用指针变量 p 调用函数,a、b 为实参*/
```

可以看到，第 1 种指针变量调用函数的方式更加明确，不会引起读者的误会，一看就知道 p 是指向函数的指针变量。第 2 种指针变量调用方式与普通函数调用没有太大区别，如果对程序不熟悉，读者可能会把 p 误认为函数名，因此这种方式不建议初学者采用。

（6）对于指向函数的指针变量而言，++、−−等指针运算无意义。

（7）利用指针变量调用函数一般多用于模块化程序设计中。例如，多个函数的功能各不相同，但它们的返回值和形参列表形式、类型都相同，那么就可以构造一个通用函数，把多个函数的指针作为通用函数的参数（即将指向函数的指针变量作为函数参数），方便函数调用，实现模块化设计。这部分内容对初学者不做要求，有兴趣的读者可参考 C 语言指针的相关书籍。

7.5.3 返回指针的函数

函数返回值的类型也可以是指针（地址），其定义格式如下：

返回值类型 ∗ 函数名（形参列表）；

例如：

int ∗ function(inta, int b);

其中，int 表明函数返回的指针是指向整型数据的。function 是函数名，调用它可以得到一个指向整型数据的指针（地址）。a 和 b 是函数的形参，数据类型是整型。注意，此时的"∗"和函数名"function"未用括号括在一起，这一点要与指向函数的指针变量定义严格区分。

例如：

```
int ∗ p(int a, int b);        /∗声明了一个返回值为指针的函数 p,且该指针指向整型数据∗/
int ( ∗ p)(int a, int b);     /∗定义了一个指向函数的指针变量 p∗/
```

例 7.15 输出两个整数中的较大数。

程序如下：

```
#include<stdio.h>
int ∗ bigger(int x, int y)        /∗定义函数 bigger,且函数返回值为指向整型数据的指针∗/
{
    if(x>y)                       /∗如果 x 大于 y,则返回 x 的地址∗/
        return &x;
    return &y;                    /∗如果 x 小于 y,则返回 y 的地址∗/
}

int main(void)
{
    int a,b, ∗ p;
    printf("请输入两个整数：\n");
    scanf("%d,%d",&a,&b);
    p=bigger(a,b);                /∗将函数返回值赋给指针变量 p∗/
    printf("两数中较大的是：%d\n", ∗ p);      /∗输出较大值∗ p∗/
    return 0;
}
```

程序运行结果如下：

```
请输入两个整数：
3, −5
两数中较大的是：3
```

7.5.4 指针数组

如果一个数组的元素均为指针,则该数组可以称为指针数组。指针数组中的每一个元素都相当于一个指针变量,每一个元素指向的数据类型都应相同。

一维指针数组的定义格式如下:

类型说明符 * 数组名[数组长度];

例如:

int * array[10];

其中,int 说明指针数组中的元素(指针)指向整型数据。array 是指针数组名。array 前面的"*"说明 array 是指针数组。"[ ]"中的 10 是指针数组长度,即指针数组 array 中有 10 个数组元素。

指针数组通常用于字符串处理,如例 7.16。

例 7.16 利用指针数组输出多个字符串。

程序如下:

```c
#include <stdio.h>
int main(void)
{
    char * message[5]={"Hello!", "my", "name","is", "Henry."};
                                    /*定义长度为 5 的指针数组并初始化*/
    int i;
    for(i=0;i<5;i++)
        printf("%s ",message[i]);      /*利用指针数组输出多个字符串*/
    printf("\n");
    return 0;
}
```

程序运行结果如下:

```
Hello! my name is Henry.
```

在上例中,第 4 行定义了一个长度为 5 的指针数组,数组名为 message。该数组有 5 个元素,每个元素都是一个指向 char 型数据的指针。在定义的同时数组中的每个元素都被初始化。message[0]指向字符串"Hello!",message[1]指向字符串"my",…,message[4]指向字符串"Henry.",如图 7.12 所示。

message[0]中存储的是字符串"Hello!"在内存中的首地址 2000H;message[1]中存储的是字符串"my"在内存中的首地址 2020H,…,message[4]中存储的是字符串"Henry."在内存中的首地址 2100H。在定义了指针数组并对数组元素初始化后,程序利用 for 循环将 5 个字符串依次输出,每循环一次输出一个字符串。

可以看到,与之前的字符串处理相比,使用指针数组处理字符串更加方便。对于函数调用更是如此,因为给函数传递指针数组要比传递多个字符串容易得多。

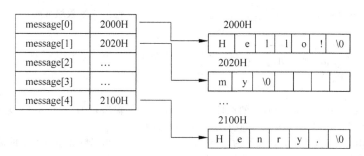

图 7.12　数组元素的初始化

例 7.17　对例 7.16 稍加变化,以指针数组为参数,利用函数调用实现相同功能。

程序如下:

```
#include<stdio.h>
int output(char * p[], int n)          /* 函数定义,注意形参的定义形式 */
{
    int i;
    for(i=0;i<n;i++)                   /* 利用指针数组输出多个字符串 */
        printf("%s ",p[i]);
    printf("\n");

}


int main(void)
{
    char * message[5]={"Hello!", "my", "name",
                       "is", "Henry."};    /* 定义长度为 5 的指针数组并初始化 */
    output(message,5);                       /* 调用函数,输出字符串 */
    return 0;
}
```

程序运行结果如下:

`Hello! my name is Henry.`

在掌握了指针数组的概念后,也可以用一个指针数组来指向一个二维数组。指针数组中的每个元素都赋值为二维数组每一行的首地址,如例 7.18。

例 7.18　先定义一个 2 行 3 列的二维数组 $a[2][3]$,再定义一个长度为 3 的指针数组 $p[3]$,使指针数组 $p[3]$ 指向二维数组 $a[2][3]$。

程序如下:

```
#include<stdio.h>
int main(void)
{
    int i, j, a[2][3]={{1,2,3},{4,5,6}};      /* 定义变量 i、j 和二维数组 a */
    int * p[3]={&a[0][0], &a[1][0]};          /* 定义指针数组 p[3],并指向 a */
    printf(" 二维数组为:\n");
```

```
        for(i=0;i<2;i++)                           /*输出二维数组 a*/
        {
            for(j=0;j<3;j++)
                printf("%3d", a[i][j]);
            printf("\n");
        }
        printf("a[0][0]和a[1][0]的地址为:\n");      /*输出 a[0][0]和 a[1][0]的地址*/
        printf(" %d, %d\n\n", &a[0][0], &a[1][0]);
        printf("二维数组 a 的行元素为:\n");          /*输出二维数组行元素的值*/
        printf(" %d, %d\n\n", a[0],a[1]);
        printf("指针数组 p 的元素为:\n");            /*输出指针数组各元素的值*/
        printf(" %d, %d\n\n", p[0],p[1]);
        printf("指针数组 p 中的元素分别指向:\n");    /*输出指针数组各元素指向的值*/
        printf("%3d,%3d\n", *p[0], *p[1]);
        return 0;
}
```

程序运行结果如下:

```
二维数组为:
  1  2  3
  4  5  6
a[0][0]和a[1][0]的地址为:
1245024, 1245036

二维数组a的行元素为:
1245024, 1245036

指针数组p的元素为:
1245024, 1245036

指针数组p中的元素分别指向:
  1,  4
```

从上例可以看到,在定义指针数组 *p*[3]并使其指向二维数组 *a*[2][3]后,指针数组各元素的值为二维数组各行的首地址,即指针数组的各元素分别指向二维数组每一行的第1个元素。程序第 5 行"int *p[3]={&a[0][0], &a[1][0]};"也可更换为"int *p[3]={a[0], a[1]};",程序运行结果不变,原因请读者结合二维数组有关行元素的内容仔细体会。

7.5.5 指向指针的指针变量

指针变量作为变量的一种也是有地址的。如果一个指针变量中存放的是另一个指针变量的地址,那么这个指针变量就是指向指针的指针变量,简称指向指针的指针。

指向指针的指针变量的定义格式如下:

类型说明符 ** 指针变量;

例如:

int ** q;

上述语句定义了一个指向整型指针变量的指针 *q*。因为"*"运算符的结合性是从右到左,所以"** *q*"就相当于"*(* *p*)"。

前面曾讲过,使用变量名访问变量内容称为直接存取,使用指针变量访问变量内容称为间接存取。那么使用指向指针的指针访问变量内容叫二重间接。

例 7.19 分别使用直接存取、间接存取和二重间接输出一个变量。

程序如下:

```
#include <stdio.h>
int main(void)
{
    int x=1;                          /*定义整型变量 x*/
    int *p;                           /*定义指向整型数据的指针变量 p*/
    int **q;                          /*定义指向指针的指针 p,在定义时要用
                                         "**"*/
    p=&x;                             /*使指针 p 指向 x*/
    q=&p;                             /*使指针的指针 q 指向 p*/
    printf("%3d,%3d,%3d\n",x,*p,**q);  /*使用三种方式输出 x 的值*/
}
```

程序运行结果如下:

```
 1, 1, 1
```

可以看到上面定义了三个变量,分别是整型变量 x、指向整型数据的指针变量 p 和指向指针的指针 q;语句"p=&x;"使 p 指向了 x;语句"q=&p;"又使 q 指向 p。最后通过直接存取、间接存取和二重间接分别输出了变量 x 的值。

假设 p 的地址为 2100H,变量 q 的地址为 2200H,则三个变量的存储情况如图 7.13 所示。

其实,在例 7.17 中 message 作为指针数组名既是地址也是指针,它指向指针数组的第 1 个元素,而该元素也是一个指针,因此将指针数组名传递给函数 output 传递的其实就是一个指针的指针。在实际应用中,指向指针的指针一般涉及指针数组,如例 7.20。

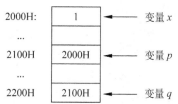

图 7.13　变量的存储情况

例 7.20 输出若干个字符串中最长的字符串。

程序如下:

```
#include <stdio.h>
#include <string.h>
char *longest(char *a[], int n)      /*定义返回指针的函数 longest*/
{
    char *p,**q;                     /*定义指针 p 和指向指针的指针 q*/
    p=*a;                            /*将指针数组的第 1 个元素赋给 p*/
    for(q=a;q<a+n;q++)               /*将指针数组名赋给 q,逐个比较字符串的长度*/
        if(strlen(*q)>strlen(p))     /*比较字符串的长度,并使 p 指向较长的字符串*/
            p=*q;
    return p;                        /*返回指针 p*/
}
```

```
int main(void)
{
    int i;
    char * p;
    char * string[5]={"a","ab","abc","abcd","abcde"};      /*定义长度为 5 的指针数组*/
    p=longest(string,5);                          /*调用函数 longest*/
    printf("最长的字符串为：\n%s\n",p);          /*输出最长的字符串*/
    return 0;
}
```

程序运行结果如下：

```
最长的字符串为：
abcde
```

对于指向指针的指针对初学者不多做要求，有进一步研究兴趣的读者可以参考指针应用的相关书籍。

第 **8** 章

CHAPTER 8

结构体与共用体

至此已介绍了基本数据类型的变量(如整型、浮点型、字符型变量等),也介绍了一种构造类型数据——数组,数组中的各元素是属于同一个数据类型的。用户可以在程序中用这些类型定义变量解决一般的问题,但当问题比较复杂时,这些数据类型难以满足应用需求。因此,C语言允许用户根据需要自己建立数据类型,并用它来定义变量。

8.1 结构体类型

在编写程序时,有时需要将不同类型的数据组合成一个有机的整体,以便于引用,如图8.1所示。学号(num)、姓名(name)、性别(sex)、年龄(age)、成绩(score)、家庭地址(addr)等项是描述同一个学生的属性,可以将这些项组成一个组合数据,并定义一个名为student_1的变量包括这些数据项,以反映它们之间的内在联系。注意,这个组合数据中包含了若干个类型不同的数据项。C语言允许用户自己建立由不同类型数据组成的组合型的数据结构,称为结构体(structure),在其他高级语言中称为"记录"(record)。

num	name	sex	age	score	addr
10001	Li Ming	M	18	90	Beijing

图 8.1 结构体示例

8.1.1 结构体类型的定义

声明一个结构体类型的一般形式如下:

struct 结构体名
{成员表列};

"结构体名"用作结构体类型的标志,又称"结构体标记"(structure tag)。结构体名是由用户定义的标识符,它规定了所定义的结构体类型的名称。大括号内的"成员表列"是结构体类型的组成成分,称为成员

(member)。成员名的命名规则与变量名相同,且对各成员都应进行类型声明,即

　　类型名　成员名;

例 8.1　按照图 8.1 所示的数据结构声明一个结构体类型。

```
struct student
{
    int num;                        /* 学号为整型 */
    char name[20];                  /* 姓名为字符型 */
    char sex;                       /* 性别为字符型 */
    int age;                        /* 年龄为整型 */
    float score;                    /* 成绩为 float 型 */
    char addr[30];                  /* 地址为字符串 */
};                                  /* 注意不要忽略最后的分号 */
```

　　例 8.1 中的结构体类型 struct student 是由关键字 struct 和结构体名 student 组成的,struct 是声明结构体类型时的关键字,不能省略。num、name、sex、age、score、addr 等都是它的成员。

　　在结构体类型定义中要注意以下几点:

　　(1) 在结构体类型定义中不允许对结构体本身递归定义。例如下面的定义是不合法的:

```
struct student
{
    int num;char name[20];
    char sex;int age;
    struct student stu;             /* 成员 stu 定义为 struct student 类型是不合法的 */
    float score;char addr[30];
};
```

　　(2) 结构体类型并非只有一种,而是可以设计出许多种结构体类型。例如,可以根据需要建立 struct teacher、struct worker、struct date 等结构体类型,各自包含不同的成员。

　　(3) 在结构体类型定义中可以包含另外的结构体,即结构体可以嵌套,如例 8.2。

例 8.2　结构体示例。

程序如下:

```
struct date                        /* 声明一个结构体类型 struct date */
{
    int month; int day; int year;
};
struct student                     /* 声明一个结构体类型 struct student */
{
    int num;char name[20];
    char sex;int age;
    struct date birthday;          /* 成员 birthday 属于 struct date 类型 */
    float score;char addr[30];
};
```

　　在这里,已声明的结构体类型 struct date 与其他类型(如 int、char)一样可以用来声

明其他结构体成员的类型。

8.1.2　结构体变量的定义

定义结构体类型只是说明了该类型的组成情况,编译系统并没有给它分配内存空间,就像系统不为 int 等类型本身分配空间一样。只有当定义属于结构体类型的变量时,系统才会分配存储空间给该变量。定义结构体类型变量有以下三种方式。

(1) 先声明结构体类型再定义变量名。

在例 8.1 中已声明一个结构体类型 struct student,可以用它来定义变量。例如:

```
struct student   student1, student2;
```

student1 和 student2 为 struct student 类型的变量,即它们具有 struct student 类型的结构,如图 8.2 所示。

	num	name	sex	age	score	addr
student1:	10001	Li Ming	M	18	90	Beijing
student2:	10002	Liu Fang	F	19	95	Shanghai

图 8.2　结构体变量

在定义了结构体变量后,系统会为其分配内存单元。例如在 VC++ 6.0 中,student1 和 student2 在内存中各占 63 个字节($4+20+1+4+4+30=63$)。这种先声明类型,再定义变量的方式比较灵活。假如程序规模较大,可以将结构体类型的声明集中放到一个头文件(.h)中,然后在需要此结构体类型的源文件中用♯include 命令将该头文件包含到本文件即可。

(2) 在声明类型的同时定义变量。

```
struct student
{
    int num;
    char name[20];
    char sex;
    int age;
    float score;
    char addr[30];
}student1,student2;
```

它的作用与第(1)种方式相同,但它是在定义 struct student 类型的同时定义了两个变量 student1 和 student2。这种定义的一般形式如下:

struct 结构体名
{
成员表列
}变量名表列;

声明类型和定义变量放在一起能直接看到结构体的结构,这种方式在编写小程序时比较方便,在编写大程序时为了使程序结构清晰、便于维护,建议使用第(1)种方式。

(3) 不指定类型名而直接定义结构体类型变量。其一般形式如下:

struct
{
成员表列
}变量名表列;

这种方式没有指定结构体名,所以不能再以此结构体类型定义其他变量。

对于结构体的使用需要注意以下几点:

(1) 结构体类型与结构体变量是不同的概念。

- 结构体类型:不能赋值,不能访问,不分配存储空间。
- 结构体变量:可以赋值,可以运算、访问,分配存储空间。

(2) 结构体成员也可以是结构体类型数据,见例 8.2。

(3) 结构体中的成员可以单独使用,作用相当于普通变量。成员名也可以和程序中的变量名相同,但两者不是同一对象。例如,在程序中可以另定义一个变量 num,它与 struct student 中的 num 互不干扰。对于成员的引用见下面的内容。

8.1.3 结构体变量的初始化和引用

和其他类型变量一样,对于结构体变量可以在定义时进行初始化,然后引用这个变量。

例 8.3 把一个学生的信息(包括学号、姓名、性别、住址)放在一个结构体变量中,然后输出这个学生的信息。

程序设计思路:首先应建立一个结构体类型,包括学生信息的各成员;然后用它定义结构体变量,并初始化;最后输出该结构体变量的各成员。

程序如下:

```c
# include < stdio. h >
int main(void)
{
    struct student                    /* 声明结构体类型 struct student */
    {
        long int num;                 /* 以下 4 行为结构体的成员 */
        char name[20];
        char sex;
        char addr[20];
    } a={10101, "Li Lin",'M', "123 Beijing Road"};    /* 定义结构体变量 a 并赋初值 */
    printf("NO.:%ld\nname:%s\nsex:%c\naddress:%s\n",a.num,a.name,a.sex,a.addr);
    return 0;
}
```

程序运行结果如下:

```
NO.:10101
name:Li Lin
sex:M
address:123 Beijing Road
```

上例程序可具体分析如下：

（1）程序在声明结构体类型 struct student 的同时定义了变量 a，并进行初始化。初始化列表是用大括号括起来的一些常量，这些常量依次赋给结构体变量中的各成员。

（2）引用结构体变量中成员的一般形式如下：

结构体变量名.成员名

其中，符号"."是成员运算符，它在所有的运算符中优先级最高。

在例 8.3 中，a.num 表示 a 变量中的 num 成员，但要把 a.num 作为一个整体看待，它相当于一个变量。此外，在程序中可以对变量的成员赋值。

例如：

a.num=10001;

注意：不能企图通过输出结构体变量名来输出结构体变量所有成员的值。例 8.3 中的输出语句如果改为以下形式则不合法：

printf("NO.:%ld\nname:%s\nsex:%c\naddress:%s\n",a);

只能对结构体变量中的各成员分别进行输入和输出。

此外，在引用结构体变量时还有以下几点需要注意：

（1）如果某个成员本身又属于一个结构体类型，则必须连续使用成员运算符，直到最低一级成员才能进行运算。

例如，在例 8.2 中已经定义了 struct student 结构体类型，如果再定义一个 struct student 类型的结构体变量 student1，那么可以采用下面的方式访问其成员。

student1.num
student1.birthday.month

（2）结构体变量的每个成员都属于某种数据类型，因此都可以像普通变量那样进行其类型允许的各种操作。

例如：

```
student1.score= student2.score;          //赋值运算
sum= student1.score+student2.score;      //加法运算
student1.age++;                          //自加运算
```

（3）在相同类型的结构体变量之间可以进行整体赋值，但其他操作（如输入、输出等）必须引用结构体变量的成员。

例如：

```
student1= student2;              //student1 和 student1 已定义为同类型的结构体变量
scanf("%d",&student1.num);       //输入 student1.num 的值
printf ("%o",&student1);         //输出 student1 的首地址
```

8.2　结构体数组

在 8.1 节介绍的结构体变量中可以存放一组数据（一个学生的学号、姓名、成绩等），当需要多个数据参加运算时应该用数组，也就是结构体数组。

8.2.1   结构体数组的定义

定义结构体数组的方法和定义结构体变量的方法一样,只是必须说明其为数组。
例如:

```
struct person
{
    char name[20];
    char sex;
    int age;
    float height;
};
struct person per[3];
```

以上是先声明一个结构体类型,然后再用此类型定义结构体数组,也可以直接定义一
个结构体数组。

例如:

```
struct person
{
    char name[20];
    ...
}per[3];
```

或者写成:

```
struct
{
    char name[20];
    ...
}per[3];
```

数组元素	成员名
per[0]	name
	sex
	age
	height
per[1]	name
	sex
	age
	height
per[2]	name
	sex
	age
	height

前面介绍过数组的各元素在内存中是连续存放的,因此 per[3]在内存中的存储情况如图 8.3 所示。

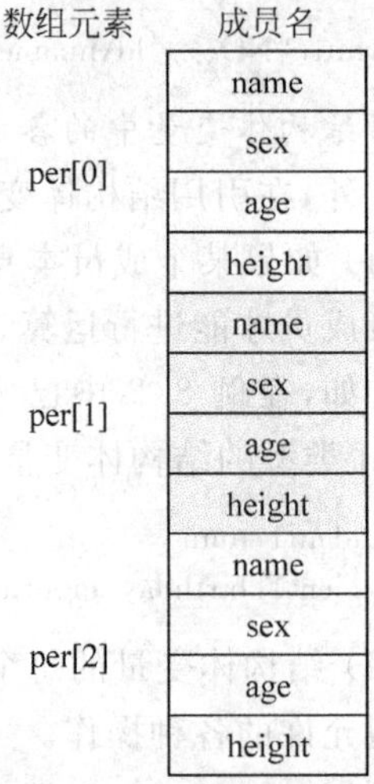

图 8.3   结构体数组的存放示意图

8.2.2   结构体数组的初始化

和一般数组一样,结构体数组可以进行初始化。例如:

```
struct person
{
    char name[20];
    char sex;
    int age;
    float height;
}per[3]={{"Li Ping",'M',20,175},{"Wang Ling",'F',19,162.5},{"Zhao Hui",'M',20,178}};
```

数组每个元素的初值都放在一对大括号中,括号中依次排列元素各成员的初始值。
和一般数组的初始化一样,如果给出了全部元素的初值,则数组的长度可以不指定,由系

统根据初值的数目来确定数组的长度。

8.2.3 结构体数组的引用

对结构体数组的引用是对数组元素的成员进行引用,引用只要遵循对数组元素的引用规则和对结构体变量成员的引用规则即可。下面举例说明结构体数组的定义和引用。

例 8.4 有三个候选人,每个选民只能投票选一人,要求编一个统计选票的程序,先后输入被选人的名字,最后输出各人的得票结果。

程序设计思路:首先定义一个结构体数组,数组中包含三个元素,每个元素应包括候选人的姓名和得票数。假设有 10 个选民进行投票,将输入的被选人姓名与数组元素中的姓名比较,如果相同,则给这个元素的得票数加 1。最后输出投票结果。

程序如下:

```
# include < string. h >
# include < stdio. h >
struct person                              /* 声明结构体类型 struct person */
{
    char name[20];                         /* 候选人的姓名 */
    int count;                             /* 候选人的得票数 */
}leader[3]={"Li",0,"Zhang",0,"Sun",0};     /* 定义结构体数组并初始化 */
int main(void)
{
    int i,j;
    char leader_name[20];                  /* 定义字符数组 */
    for (i=1;i<=10;i++)
    {
        scanf("%s",leader_name);           /* 输入所选的候选人姓名 */
        for(j=0;j<3;j++)
            if(strcmp(leader_name, leader[j].name)==0)
                leader[j].count++;
    }
    printf("\nResult:\n");
    for(i=0;i<3;i++)
        printf("%5s:%d\n",leader[i].name,leader[i].count);
    return 0;
}
```

程序运行结果如下:

在上例中先定义一个结构体数组 leader，该数组中包含三个元素，每个元素包含两个成员——name(姓名)和 count(票数)，在定义数组时进行初始化。在每次循环中输入一个被选人姓名，然后把它与结构体数组中的三个候选人姓名相比(注意，leader_name 和 leader 数组的第 j 个元素的 name 成员相比)，如果相同，就给这个元素中的"得票数"成员(leader[j].count)的值加 1。本例中循环 10 次，在输入和统计结束后输出三人的名字和得票数。

8.3 共用体数据类型

结构体类型数据可以包含不同类型的成员，但每个成员的类型是固定的。在某些程序设计中，对同一对象却要求有不同类型的值。例如，某校统计英语课程的成绩，有的专业按百分制统计，有的专业按等级制(A、B、C、D 共 4 个等级)，在程序设计时这个成员可能为浮点型(百分制)或字符型(等级制)。C 语言提供了一种数据类型，可用同一段内存单元存放不同类型的变量，几种变量共占同一段内存的结构，称为"共用体"类型的结构。

8.3.1 共用体变量的定义

共用体变量的定义形式如下：

union 共用体名
{
成员表列
}变量名表列;

例如：

```
union Data
{
    int i;
    char ch;
    float f;
}a,b,c;                              /* 在声明共用体类型的同时定义变量 */
```

也可写成：

```
union Data
{
    int i;
    char ch;
    float f;
};
union Data a,b,c;                    /* 类型声明与变量定义分开 */
```

或者写成：

```
union
```

```
{
    int i;
    char ch;
    float f;

}a,b,c;                                          /*直接定义共用体变量*/
```

共用体类型及其变量的定义在形式上与结构体类似,但它们的含义是不同的。结构
体变量的每个成员分别占用独立的内存区域,因此结构体变量所占的内存字节数是其成
员所占的内存字节数之和。共用体变量的所有成员共同占用同一段内存区域,所以共用
体变量所占的字节数是其成员中占内存空间最大的成员的字节数。例如,上面定义的共
用体变量 a、b、c 各占 4 个字节(因为 float 型变量占 4 个字节),而不是各占 $4+1+4=9$
个字节。

8.3.2　共用体变量的引用

共用体变量也必须先定义,后引用。但应注意不能直接引用共用体变量,只能引用共
用体变量中的成员。引用的形式如下:

共用体变量名.成员名

例如,对于前面定义的共用体变量 a、b、c 可以这样引用:

```
a.i                                        /*引用共用体变量中的整型变量 i*/
a.ch                                       /*引用共用体变量中的字符变量 ch*/
```

在 C 语言中不允许直接引用共用体变量,下面的语句是不合法的:

```
printf("%d",a);
```

那么共用体类型的数据应如何引用呢?

下面通过实例来说明共用体数据类型的引用情况。

例 8.5　有若干个人员的数据,其中有学生和教师,学生的数据包括姓名、号码、性
别、职业、班级;教师的数据包括姓名、号码、性别、职业、职务,要求用同一个表格来
处理。

程序设计思路:学生和教师的数据项目多数是相同的,只有一项不同,现要求把它们
放在同一个表格中,如图 8.4 所示。如果 job 项为 s,则第 5 项为 class,即 Li 是 501 班的。
如果 job 项是 t,则第 5 项为 position,Wang 是 prof(教授)。所以,对第 5 项可以用共用体
来处理(将 class 和 position 放在同一段存储单元中)。

num	name	sex	job	class / position
101	Li	f	s	501
102	Wang	m	t	prof

图 8.4　共用体变量

程序如下:

```c
#include <stdio.h>
struct                                      //声明无名结构体类型
{
    int num;                                //成员 num(编号)
    char name[10];                          //成员 name(姓名)
    char sex;                               //成员 sex(性别)
    char job;                               //成员 job(职业)
    union                                   //声明无名共用体类型
    {
        int clas;                           //成员 class(班级)
        char position[10];                  //成员 position(职务)
    }category;                              //变量 category 是共用体变量
}person[2];                                 //定义结构体数组 person,它有两个元素

int main(void)
{
    int i;
    printf("Please enter the data of person:\n");   //提示输入数据
    printf("No.name sex job class/position\n");
    for(i=0;i<2;i++)
    {
        scanf("%d %s %c %c",&person[i].num,&person[i].name,&person[i].sex,
            &person[i].job);                //输入 4 项数据
        if(person[i].job == 's')
            scanf("%d",&person[i].category.clas);   //如果是学生,输入班级
        else if(person[i].job == 't')
            scanf("%s",person[i].category.position);//如果是教师,输入职务
        else
            printf("Input error!");         //如果 job 不是's'和't',显示出错
    }
    printf("\n");
    printf("No. name sex job class/position:\n");
    for(i=0;i<2;i++)
    {
        if(person[i].job == 's')            //若是学生
            printf("%-6d%-10s%-4c%-4c% -10d\n",person[i].num,person[i].name,
                person[i].sex,person[i].job,person[i].category.clas);
        else                                //若是教师
            printf("%-6d%-10s%-4c%-4c%-10s\n",person[i].num,person[i].name,
                person[i].sex, person[i].job,person[i].category.position);
    }
    return 0;
}
```

程序运行结果如下:

```
Please enter the data of person:
No.   name     sex job class/position
101   Lilei    M   s   20
102   Wangmin  F   t   prof

No.   name     sex job class/position:
101   Lilei    M   s   20
102   Wangmin  F   t   prof
```

在上例中,先在 main 函数之前定义外部的结构体数组 person,在结构体类型声明中包括共用体类型 category 成员,在这个共用体成员中又包括两个成员——成员 class 和成员 position。前者为整型,存放学生的"班级"信息;后者为字符数组,存放教师的"职位"信息。在程序运行中,输入的前 4 项数据(编号、姓名、性别、职业)对于学生和教师来说数据类型是一样的,但第 5 项数据就有区别了。程序用 if 语句检查刚才输入的职业,如果是's'(表示学生),则第 5 项应输入班级(整数);如果是't'(表示教师),则第 5 项应输入职位(字符串)。

在数据处理中用同一个栏目来表示不同内容的情况很多。通过上面的例子可以看到,如果善于利用共用体,能使程序变得更加丰富、灵活。

在共用体类型数据的使用过程中还要注意以下几点:

(1) 在共用体变量中只能存放一个值,共用体变量的同一个内存段可以用来存放几种不同类型的成员,但在每一瞬时只能存放其中一个成员,而不是同时存放几个。

(2) 共用体变量的每个成员也可以像普通变量那样进行其类型允许的各种操作,但在使用过程中需注意,由于共用体类型采用的是覆盖技术,几个变量互相覆盖,因此共用体变量中起作用的总是最后存放的成员变量的值。

(3) 共用体变量可以作为结构体变量的成员,结构体变量也可以作为共用体变量的成员,并且共用体类型也可以定义数组。

(4) 可以对共用体变量初始化,但初始化表中只能有一个常量。此外,用户应特别注意不能将共用体变量作为函数参数和返回值。

8.4 枚举数据类型

在较老的 C 语言标准中是没有枚举类型的。ANSI(美国国家标准局)在新的 C 语言标准——C89 中新增了一种数据类型,即枚举类型。

如果一个变量只有几种可能的值,则可以定义为枚举(enumeration)类型。

所谓"枚举"就是把变量的值一一列举出来,变量的值只限列举出来的取值范围。

例如,一个星期包括 7 天,从星期一到星期日;一年有 12 个月等。

8.4.1 枚举类型及其变量的定义

声明枚举类型的一般形式如下:

enum 枚举名{枚举元素列表};

其中,enum 是枚举类型的标志。枚举名是由用户定义的标识符,应遵循标识符的命名规则。

例如：

enum weekday{sun,mon,tue, wed,thu,fri,sat};

上述语句先声明了一个枚举类型 enum weekday,它包含 7 个枚举元素,然后可以用此类型来定义变量。

例如：

enum weekday workday,week_end;

也可以直接定义枚举变量。

例如：

enum{sun,mon,tue,wed,thu,fri,sat} workday, week_end;

在上述语句中,"sun,mon,tue,wed,thu,fri,sat"是枚举元素或枚举常量,它们是用户定义的标识符。

对于枚举类型及其变量的使用有以下几点需要注意：

(1) 在 C 编译中将枚举元素作为常量处理,它们是有值的,因此不能对它们进行赋值。

例如：

sum=0; mon=1;   /＊非法＊/

(2) 枚举元素是被处理成一个整型常量的,它的值取决于定义时各枚举元素排列的先后顺序。第 1 个枚举元素的值为 0,第 2 个为 1,依次顺序加 1。

例如,上例中 sum 的值为 0,mon 的值为 1,…,sat 的值为 6。

用户也可以在定义时改变枚举元素的值。

例如：

enum weekday{sun=1,mon,tue, wed,thu,fri,sat=0} workday, week_end;

对于没有指定值的枚举元素,其值为前一元素的值加 1。因此,sum 的值为 1,mon 的值为 2,tue 的值为 3,…,fri 的值为 6,而 sat 的值为 0。

8.4.2 枚举变量的引用

对于枚举类型变量的引用如例 8.6。

例 8.6 口袋中有红、黄、蓝、白、黑五种颜色的球若干个,每次从口袋中先后取出三个球,问得到三种不同颜色球的可能取法,输出每种排列的情况。

程序设计思路：球只能是五种色之一,而且要判断各球是否同色,所以用枚举类型变量来处理。其具体算法如图 8.5 所示。

用 n 累计得到三种不同色球的次数。外循环使第一个球 i 从 red 变到 black,中循环使第二个球 j 也从 red 变到 black。只有在 i、j 不同色($i \neq j$)时才需要继续找第三个球,且第三个球 k 也从 red 到 black 这五种可能,但要求第三个球不能与第一个球或第二个球同色($k \neq i, k \neq j$)。满足此条件就得到三种不同色的球,输出这种三色组合方案,然后使 n

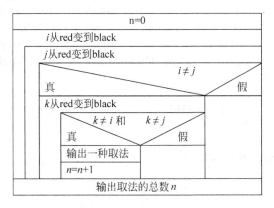

图 8.5　N-S 流程图

加 1。外循环全部执行完,最后输出取法的总数 n。

程序如下:

```c
# include < stdio. h >
int main(void)
{
    enum color{red,yellow,blue,white,black};      //声明枚举类型 enmu color
    enum color pri;                               //定义枚举变量 pri
    int i,j,k,n,loop;
    n=0;
    for(i=red;i<=black;i++)                       //外循环,第一个球
        for(j=red;j<=black;j++)                   //中循环,第二个球
            if (i!=j)                             //如果第一个球和第二个球不同色
            {
                for(k=red;k<=black;k++)           //内循环,第三个球
                    if ((k!=i) && (k!=j))         //如果三个球不同色
                    {
                        n=n+1;                    //符合条件的次数加 1
                        printf("%-4d",n);         //输出当前是第几个符合条件的组合
                        for(loop=1;loop<=3;loop++)    //先后对三个球分别处理
                        {
                            switch (loop)         //loop 的值从 1 变到 3
                            {
                                case 1: pri=(color)i;break; //loop 的值是 1 时把第一个球
                                                            //颜色赋给 pri
                                case 2: pri=(color)j;break; //loop 的值是 2 时把第 2 个球
                                                            //颜色赋给 pri
                                case 3: pri=(color)k;break; //loop 的值是 3 时把第 3 个球
                                                            //颜色赋给 pri
                                default:break;
                            }
                            switch (pri)          //根据球的颜色输出相应文字
                            {
                                case red: printf("%-10s","red");break;
                                        //pri 的值等于枚举常量 red 时输出"red"
```

```
                          case yellow:printf("%-10s","yellow");break;
                          case blue: printf("%-10s","blue");break;
                          case white: printf("%-10s","white");break;
                          case black: printf("%-10s","black");break;
                      }
                  }
              printf("\n");
          }
      }
      printf("\ntotal:%5d\n",n);
      return 0;
  }
```

程序运行结果如下：

```
1     red        yellow      blue
2     red        yellow      white
3     red        yellow      black
4     red        blue        yellow
5     red        blue        white
6     red        blue        black
7     red        white       yellow
...   ...        ...         ...
53    black      yellow      blue
54    black      yellow      white
55    black      blue        red
56    black      blue        yellow
57    black      blue        white
58    black      white       red
59    black      white       yellow
60    black      white       blue

total:    60
```

在上例中，如果不用枚举常量而用常数 0 代表"红"，1 代表"黄"，等等，也可以，但用枚举变量来表示更直观，更符合实际意义。

8.5 自定义类型

C 语言程序中的数据类型除了可以用标准类型（int、char、float、double、long 等）、指针、结构体、共用体、枚举类型等类型之外，还允许用关键字 typedef 声明新的类型名来代替已有的类型名，其一般格式如下：

typedef oldName newName;

其中，oldName 是原来的类型名，newName 是新的类型名。
例如：

```
typedef int INTEGER;              //用 INTEGER 作为类型名代替 int
INTEGER a, b;                     //用 INTEGER 定义变量 a 和 b，相当于"int a,b;"
a=1; b=2;                         //给变量 a 和 b 赋值
```

又比如，无符号字符型数据的类型符 unsigned char 过长，可利用 typedef 将其简化如下：

```
typedef unsigned char uchar;                    //用 uchar 代替 unsigned char
uchar c1;                                        //用 uchar 定义无符号字符型变量 c1
```

通过使用 typedef 可以让熟悉 FORTRAN 等其他编程语言的用户使用熟悉的类型名定义变量,以适应他们的编码习惯。

此外,typedef 还可以给数组、结构体、指针等类型定义别名,具体方法如下:

(1) 给数组定义新类型名。

例如:

```
typedef char ARR[20];
```

在上述语句中,ARR 是类型 char [20]的新类型名,它是一个长度为 20 的数组类型,可以用 ARR 定义以下数组:

```
ARR a1, a2, s1, s2;
```

上述语句等价于:

```
char a1[20], a2[20], s1[20], s2[20];
```

可以看到,用 typedef 可以将数组类型和数组变量分离开,利用数组类型可以定义多个数组变量。

(2) 给结构体定义新类型名。

例如:

```
typedef struct stu
{
    char name[20];
    int age;
    char sex;
} STU;
```

在上述语句中,STU 是 struct stu 的新类型名,可以用 STU 定义以下结构体变量:

```
STU body1,body2;
```

它等价于:

```
struct stu body1, body2;
```

(3) 给指针定义新类型名。

例如:

```
typedef int ( * PTR_TO_ARR)[10];
```

在上述语句中,PTR_TO_ARR 是类型 int *[10]的别名,它是一个一维数组指针类型,可以使用 PTR_TO_ARR 定义以下一维数组指针:

```
PTR_TO_ARR p1, p2;
```

按照类似的写法,还可以为函数指针类型定义别名:

```
typedef int ( * PTR_TO_FUNC)(int, int);
PTR_TO_FUNC pfunc;
```

需要强调的是，typedef 是赋予现有类型一个新的名字，而不是创建新的类型。为了"见名知意"，请尽量使用含义明确的标识符，并且尽量大写。

需要注意的是，typedef 和 #define 在使用中是不同的。typedef 在表面上类似于 #define，但它和宏替换"#define"之间存在一个关键性的区别，即 typedef 可以看成一种彻底的"封装"类型，在声明之后不能再往里面增加其他内容。

具体区别如下：

（1）可以使用其他类型说明符对宏类型名进行扩展，但对 typedef 定义的类型名却不能这样做；

例如：

```
# define INTERGE int
unsigned INTERGE n;                        //正确

typedef int INTERGE;
unsigned INTERGE n;                        //错误，不能在 INTERGE 前面添加 unsigned
```

（2）在连续定义几个变量的时候，typedef 能够保证定义的所有变量为同一类型，而 #define 无法保证。

例如：

```
# define PTR_INT int *
PTR_INT p1, p2;
```

经过宏替换后，第 2 行变为：

```
int * p1, p2;
```

这使得 $p1$、$p2$ 成为不同的类型，其中 $p1$ 是指向 int 类型的指针，$p2$ 是 int 类型。

但是，如果将其改写成如下的代码：

```
typedef int * PTR_INT;
PTR_INT p1, p2;
```

则 $p1$、$p2$ 类型相同，它们都是指向 int 类型的指针。

第 **9** 章

位　运　算

9.1　位运算符与位运算

在前面介绍的内容中,C 程序处理的最小单位是字节(Byte)。其实,计算机内存中的最小存储单位是位(bit),一个字节包含 8 位。作为内存中的最小存储单位,每一位都只能存储一个二进制数,即"0"或"1"。

在实际应用中,很多系统程序要求能够实现位运算,从而直接与计算机硬件进行交互,而 C 语言恰恰提供了丰富的位运算功能(部分高级语言不具备位运算功能)。以计算机、电子、电气、通信等工科专业学生为例,在后续要学习的单片机、嵌入式系统等课程中绝大多数程序都是用 C 语言实现,其中位运算的内容会很多,如单片机引脚的高、低电平控制等。

为实现位运算功能,C 语言提供了 6 种位运算符,分别是按位与运算符"&"、按位或运算符"|"、按位异或运算符"^"、按位取反运算符"~"、左移运算符"<<"和右移运算符">>"。

9.1.1　按位与运算符 "&"

按位与运算符"&"是双目运算符,其作用是对参与运算的两个数按二进制位进行"与"运算。例如,十进制数 8 和 9 的按位与运算过程和结果如下。

首先将十进制数 8 和 9 分别转换成补码表示形式,正数的补码和原码相同,8 用"0000 1000"表示,9 用"0000 1001"表示。

然后二者按位进行与运算,如下所示。

$$
\begin{array}{r}
0000\ 1000 \\
\&\quad 0000\ 1001 \\
\hline
0000\ 1000
\end{array}
$$

运算结果为补码"0000 1000",原码仍是"0000 1000",即"8",所以与运算"8&9"的结果是"8"。

又如与运算"−3&−5","−3"的补码为"1111 1101","−5"的补码为"1111 1011",所以运算过程如下。

$$\begin{array}{r} 1111\ 1101 \\ \&\quad 1111\ 1011 \\ \hline 1111\ 1001 \end{array}$$

运算结果为补码"1111 1001",转化成原码"1000 0111",即"−7",所以与运算"−3&−5"的结果是"−7"。

9.1.2 按位或运算符"|"

按位或运算符"|"是双目运算符,其作用是对参与运算的两个数按二进制位进行"或"运算。这里以十进制数8和9的按位或运算为例。

二者转换成补码后按位进行或运算,如下所示。

$$\begin{array}{r} 0000\ 1000 \\ |\quad 0000\ 1001 \\ \hline 0000\ 1001 \end{array}$$

运算结果为补码"0000 1001",转换成原码仍是"0000 1001",即"9",所以或运算"8|9"的结果是"9"。

9.1.3 按位异或运算符"^"

按位异或运算符"^"是双目运算符,其作用是对参与运算的两个数据按二进制位进行"异或"运算。如果两个二进制数相异,则异或运算结果为1;如果两个二进制数相同,则异或运算结果为0。这里以十进制数6和7的按位异或运算为例。

二者转换成补码后按位进行异或运算,如下所示。

$$\begin{array}{r} 0000\ 0110 \\ \hat{}\quad 0000\ 0111 \\ \hline 0000\ 0001 \end{array}$$

运算结果为补码"0000 0001",转换成原码仍是"0000 0001",即"1",所以异或运算"6^7"的结果是"1"。

9.1.4 按位取反运算符"~"

按位取反运算符"~"是单目运算符,具有右结合性,其作用是对参与运算的数据按二进制位"取反"。例如,对十进制数3进行按位取反运算的过程和结果如下。

首先将3用补码"0000 0011"表示,然后对"0000 0011"按位取反,如下所示。

$$\sim(0000\ 0011)=1111\ 1100$$

运算结果为补码"1111 1100",转换成原码"1000 0100",即"−4",所以取反运算"~3"的结果是"−4"。

9.1.5 左移运算符"<<"

左移运算符"<<"是双目运算符,其作用是将整型变量按二进制位左移若干位。

例如:

```
int x=5;
x=x<<2;
```

这个语句的作用是将变量 x 中的内容按二进制位左移两位,高位左移溢出后舍弃,低位左移后右侧补 0。因此,经过上述运算后,x 的值由"0000 0101"变为"0001 0100",即"20"。

如果一个整型数据左移时被溢出舍弃的高位不包含"1",则该数据左移一位相当于乘以 2,左移两位相当于乘以 4,…,左移 n 位相当于乘以 2^n。这比乘法运算要快很多,因此左移运算符常用于数据处理。

9.1.6 右移运算符 ">> "

右移运算符">>"是双目运算符,其作用是将整型变量按二进制位右移若干位。
例如:

```
int x=4;
x=x>>1;
```

这个语句的作用是将变量 x 中的内容按二进制位右移一位,高位右移后左侧补 0,低位右移溢出后舍弃。因此,经过上述运算后,x 的值由"0000 0100"变为"0000 0010",即"2"。

如果一个无符号整型数据右移时被溢出舍弃的低位不包含"1",则该数据右移一位相当于除以 2,右移两位相当于除以 4,…,右移 n 位相当于除以 2^n。同样,这比除法运算要快很多。

有符号数右移时需要格外注意符号位问题。如果原来的符号位为"0",则右移后左侧补 0;如果原来的符号位为"1"(即原来的有符号数为负数),那么右移后左侧补 0 还是补 1 取决于计算机系统。如果移入 0 则称为逻辑右移,如果移入 1 则称为算术右移。假设 x 等于"−3",其补码为"1111 1101",则逻辑右移一位结果为"0111 1110",算术右移一位结果为"1111 1110"。

例 9.1 先将 256 乘以 4,再将 256 除以 8。
程序如下:

```
# include < stdio. h >
int main(void)
{
    int x=256, mul, div;
    mul=x<<2;                      /* 左移两位,相当于乘 4 */
    div=x>>3;                      /* 右移三位,相当于除以 8 */
    printf("256 乘 4 等于%d\n256 除以 8 等于%d\n", mul, div);
    return 0;
}
```

程序运行结果如下:

```
256乘以4等于1024
256除以8等于32
```

注意,利用左移实现乘法运算的前提是高位溢出被舍弃的数据中不包含"1";利用右移实现除法运算的前提是低位溢出被舍弃的数据不包含"1"。

例 9.2 将一个十进制正整数转换成二进制形式。

程序如下：

```
# include < stdio. h >
int main(void)
{
    unsigned int x,y,i;                      /* 定义无符号整型变量 x、y、i */
    printf("请输入一个正整数：\n");
    scanf("%u",&x);                          /* 输入无符号十进制整数，即正整数 */
    y=1 << 15;                               /* 构造一个最高位为 1、其他位为 0 的数 */
    printf("%u=",x);
    for(i=1;i<17;i++)
    {
        putchar(x&y?'1':'0');                /* 输出最高位的值 */
        x=x << 1;                            /* 将 x 左移一位 */
        if(i%4==0)
            putchar(' ');
    }
    printf("B\n");
    return 0;
}
```

程序运行结果如下：

上例利用按位与运算"&"和左移"<<"实现了正整数从十进制到二进制的转化。

位运算在嵌入式系统中的应用较多，详见第 11 章，这里不再赘述。

9.2 位 段

对一些计算机程序而言，有时需要存储的信息不足一个字节，因此为节省内存空间，C 语言允许在一个结构体中以位为单位指定其成员所占的内存长度，这种以位为单位的成员称为位段（也叫位域），其定义格式如下：

struct 结构名
{
　　位段列表
}变量名；

其中，位段列表的格式如下：

类型说明符　位段名：位段长度

注意，类型说明符只能是"unsigned"或"int"。

例如：

```
struct example_data
{
```

```
    unsigned x:1;
    unsigned y:1;
    unsigned z:6;
} data;
```

上例中定义了一个结构体 example_data,该结构包含 x、y、z 三个位段。其中,位段 x 的长度为一位,位段 y 的长度为一位,位段 z 的长度为 6 位。

对于位段需要注意以下几点:

(1) 所有位段的类型必须是 unsigned 或 int,在位段名后用冒号加数字来指定其长度。

(2) 在结构中可以有非位段成员,但位段必须放在结构的最前面。

(3) 位段中的数据可以引用,这里以上例中的位段为例。

```
data.x=1;                    /* 给位段 x 赋值,x 仅占一位,值只能是 1 或 0 */
data.y=0;                    /* 给位段 y 赋值,y 仅占一位,值只能是 1 或 0 */
data.z=32;                   /* 位段 z 占 6 位,取值范围为[0,63] */
```

(4) 一个位段必须存储在一个存储单元中,不能横跨两个存储单元。根据编译器不同,存储单元可能是一个字节也可能是两个字节。

(5) 位段长度不能大于存储单元的长度。

(6) 可以指定位段存储位置,仍以上例为例,位段 x、y、z 共占 8 位,存于同一个存储单元中,但也可以写成下列形式。

```
struct example_data
{
    unsigned x: 1;
    unsigned y: 1;               /* x 和 y 存于一个存储单元 */
    unsigned :0;                 /* 从下一个存储单元开始存储 */
    unsigned z: 6;               /* z 存于新的存储单元 */
} data;
```

在上例中,第 5 行程序"unsigned :0;"定义了一个长度为 0 的位段,其作用是使下一个位段(位段 z)从下一个存储单元开始存放。

(7) 另外也可以定义无名位段,例如:

```
struct example_data
{
    unsigned x : 1;
    unsigned : 2;                /* 这两位为无名位段,空置不用 */
    unsigned y : 1;              /* y 和 z 在无名位段后继续存储 */
    unsigned z : 2;
} data;
```

在上例中,第 4 行"unsigned :2;"定义了一个无名字段,长度为 2。这个无名字段所占的两位存储空间是空置不用的。

(8) 不能以位段为元素定义数组。

(9) 位段可以参与算术表达式的运算,系统自动将其转换成整数。

(10) 位段可以用整型格式符输出,例如%d 和%u。

CHAPTER 10

第 **10** 章 文 件

10.1 C文件的概念

在以前各章中所处理的数据都是从终端键盘输入数据,运行结果输出到终端显示器上,而在程序运行时经常需要将一些数据输出到磁盘上保存起来,当需要时再从磁盘输入到计算机内存,这就要用到磁盘文件。

文件(file)是程序设计中的一个重要概念。"文件"是指存储在计算机外部存储器中的数据的集合。C语言将文件看成字符构成的序列,即字符流,其基本的存储单位是字节。计算机根据文件的名字完成对文件的操作。

10.1.1 文件名

文件要有一个唯一的文件标识,以便用户识别和引用。文件标识包括三部分,即文件路径、文件名主干和文件后缀。

(1) 文件路径表示文件在外部存储设备中的位置。

例如:

上例表示 file1. dat 文件存放在 D 盘的 CC 目录中的 temp 子目录下面。

(2) 文件名主干的命名规则需遵循标识符的命名规则。

(3) 文件后缀用于表示文件的性质。

10.1.2 文件的分类

C语言中的文件根据数据的组织形式可分为 ASCII 文件和二进制文件。ASCII 文件又称文本(text)文件,它的每一个字节与实际字符一一对应,方便字符的处理和用户阅读,但占用的存储空间较大。二进制文件节省存储空间,也无须 ASCII 代码和二进制形式之间的转换,但是无法直接输出,一般用于程序与程序之间或者程序与设备之间的数据传递。

例如整数 10000,如果用 ASCII 码形式存储,则占 5 个字节(每个字符占 1 个字节),而用二进制形式则占 4 个字节,如图 10.1 所示。

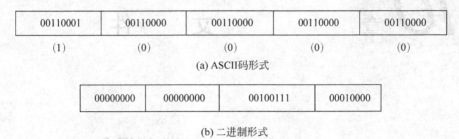

00110001	00110000	00110000	00110000	00110000
(1)	(0)	(0)	(0)	(0)

(a) ASCII码形式

00000000	00000000	00100111	00010000

(b) 二进制形式

图 10.1   ASCII 码和二进制的存储形式

在前面的内容中已经介绍过 C 语言没有输入和输出语句,因此 C 程序对文件的读写也是用库函数实现的。

10.2   文件的打开与关闭

在计算机系统对文件进行操作时,首先要利用"打开"文件的函数将文件打开,然后才能进一步对文件进行处理,最后要使用"关闭"文件的函数将文件关闭。在介绍"打开"文件之前要先介绍一个概念——文件类型指针。

10.2.1   文件类型指针

每个被使用的文件都会在内存中开辟一个相应的文件信息区,用于存放文件的有关信息(如文件的名字、文件状态及文件当前位置等)。为此,编译系统在头文件"stdio. h"中专门定义了一个文件结构体类型"FILE",用于包含管理和控制文件所需要的各种信息。

C 程序可以用 FILE 类型定义若干 FILE 型变量,用于存放文件信息。

例如:

FILE f[3];   //定义了一个结构体数组,长度为 5,可存放 5 个文件的信息

还可以利用 FILE 定义文件型指针变量。

例如:

FILE ＊f_pointer;   //定义了一个指向 FILE 型结构体变量的指针变量

指针变量 f_pointer 被定义后,可以使其指向某个文件的结构体变量,并通过该结构体变量中的文件信息访问文件。

换句话说,C 程序可以通过文件指针变量找到与之相关的文件,之后 C 程序对文件进行的各种操作都可以通过该指针变量实现。一般有几个文件就应定义几个指向 FILE 型结构体的指针变量。

指向文件结构体类型的指针变量的一般定义形式如下：

FILE ∗ **指针变量名；**

例如：

FILE ∗ **fp1，**∗ **fp2；**

在上述语句中，fp1 和 fp2 是两个可以指向 FILE 文件结构体的指针变量，通过这些结构体变量就能够找到与它们相关的文件。文件指针变量的赋值操作是由打开文件函数 fopen()实现的。

10.2.2　*文件的打开*(fopen *函数*)

在 C 程序读写文件之前应先"打开"该文件，在文件使用结束后应"关闭"该文件。

在 C 语言中，文件的打开是通过 stdio.h 函数库中的 fopen()函数实现的。

fopen 函数的一般调用方式如下：

FILE ∗ **fp；**
fp＝fopen(文件名，使用文件方式)；

其中，文件名是想要打开的文件名称，使用文件方式用于说明处理文件的方式。

例如：

fp＝fopen("a1","r")；　　//打开文件 a1

在上述语句中，"a1"是要打开的文件的名称，使用文件方式为"读入"，其中 r 代表读入。通过上述语句，fopen 函数会将指向文件 a1 的指针作为函数返回值赋给指向文件的指针变量 fp。

又如：

FILE ∗ fp；
fp＝fopen("D:\\exam1.c","r")；

在上例中，fp 和文件 exam1.c 相联系，fp 指向了 exam1.c 文件。注意，这里需要用转义字符"\"表示盘符路径(D:\exam1.c)，所以在该函数中要用"\\"(详见第 3 章转义字符"\"的使用方法)。

在打开一个文件时，C 程序需要通知编译系统以下信息：

(1) 要访问的文件的名字；

(2) 使用文件的方式("读"还是"写"等)；

(3) 让哪一个指针变量指向被打开的文件。

使用文件的方式如表 10.1 所示。

对于使用文件方式的说明如下：

(1) 用"r"方式打开的文件只能用于向计算机输入，不能用于向该文件输出数据，而且该文件应该已经存在，并存有数据，这样程序才能从文件中读数据。注意，不能用"r"方式打开一个并不存在的文件，否则会出错。

表 10.1 使用文件的方式

文件使用方式	含　　义	如果指定的文件不存在
"r"(只读)	为了输入数据,打开一个已存在的文本文件	出错
"w"(只写)	为了输出数据,打开一个文本文件	建立新文件
"a"(追加)	向文本文件尾添加数据	出错
"rb"(只读)	为了输入数据,打开一个二进制文件	出错
"wb"(只写)	为了输出数据,打开一个二进制文件	建立新文件
"ab"(追加)	向二进制文件尾添加数据	出错
"r+"(读写)	为了读和写,打开一个文本文件	出错
"w+"(读写)	为了读和写,建立一个新的文本文件	建立新文件
"a+"(读写)	为了读和写,打开一个文本文件	出错
"rb+"(读写)	为了读和写,打开一个二进制文件	出错
"wb+"(读写)	为了读和写,建立一个新的二进制文件	建立新文件
"ab+"(读写)	为读写打开一个二进制文件	出错

(2) 用"w"方式打开的文件只能用于向该文件写数据(即输出文件),不能用于向计算机输入。如果原来不存在该文件,则在打开文件前新建立一个以指定的名字命名的文件。如果原来已存在一个以该文件名命名的文件,则在打开文件前先将该文件删去,然后重新建立一个新文件。

(3) 如果希望向文件末尾添加新的数据(不希望删除原有数据),应该用"a"方式打开,但此时应保证该文件已存在,否则将得到出错信息。在打开文件时,文件读写标记移到文件末尾。

(4) 用 r+、w+、a+方式打开的文件既可以用来输入数据,也可以用来输出数据,需要注意以下几点:

- 在用 r+方式时该文件应该已经存在。
- 在用 w+方式时会新建立一个文件,先向此文件写数据,然后再读文件的数据。
- 用 a+方式打开的文件,原来的文件不被删去,文件读写位置标记移到文件末尾,可以添加,也可以读。

(5) 如果是二进制文件,在使用时只要在模式后添加字符 b 即可,例如"rb""rb+"。

(6) 如果打开失败,fopen 函数将会返回一个空指针 NULL。常用下面的方法打开一个文件:

```
if ((fp=fopen("file1","r"))==NULL)
{
    printf("cannot open this file\n");
    exit(1);
}
```

一般 exit(0)表示程序正常退出,exit(非零值)表示程序出错后退出。

(7) 在向计算机输入文本文件时,将按回车键换行符转换为一个换行符,在输出时把换行符转换成回车键和换行两个字符。在用二进制文件时不进行这种转换,在内存中的数据形式与输出到外部文件中的数据形式完全一致,一一对应。

（8）在程序中可以使用三个标准的流文件，即标准输入流、标准输出流、标准出错输出流，它们已指定与终端的对应关系。标准输入流是从终端的输入，标准输出流是向终端的输出，标准出错输出流是当程序出错时将出错信息发送到终端。

10.2.3　文件的关闭(fclose 函数)

在 C 语言中，当一个文件使用完之后应该立即关闭它，以防止由于误操作等原因破坏已经打开的文件。

关闭文件的操作是通过头文件"stdio. h"中的 fclose 函数实现的，fclose 函数的一般调用形式如下：

fclose(文件指针);

例如：

fclose(fp);

在上述语句中，文件类型指针 fp 所指向的文件被关闭，且 fp 不再指向该文件。

fclose 函数也有返回值。若文件关闭操作正常，返回值为 0；若文件关闭异常，返回值为 EOF(−1)。

10.3　文件的读取和写入

文件打开后，最常见的文件操作就是读取和写入。C 语言提供了多种对文件读取和写入的函数。

本节主要介绍 4 种常用的文件读写操作函数：
（1）按字符读写的函数 fgetc()、fputc()；
（2）按字符串读写的函数 fgets()、fputs()；
（3）按格式要求读写的函数 fprint()、fscanf()；
（4）按数据块读写的函数 fread()、fwrite()。

10.3.1　fgetc 函数和 fputc 函数

fgetc()函数的作用是从一个文件中读取一个字符，其调用形式如下：

fgetc(文件型指针变量);

例如：

a=fgetc(fp);

在上述语句中，fp 为一个文件类型指针变量，fgetc(fp)函数不仅返回文件当前位置的字符，并且使文件位置指针下移一个字符。如果遇到文件结束，则返回值为文件结束标志 EOF。

fputc()函数的作用是向文件写入一个字符，其调用形式如下：

fputc(字符,文件型指针变量);

例如:

fputc('A',fp);

在上述语句中,fp 为一个文件类型指针变量,将字符常量'A'(也可以是字符型变量)写入文件当前位置,并且使文件位置指针下移一个字节。如果写入操作成功,返回值是该字符,否则返回 EOF。

例 10.1 从键盘输入一些字符,把它们逐个送到磁盘上,直到用户输入一个"♯"为止。

程序设计思路:用 fgetc 函数从键盘逐个输入字符,然后用 fputc 函数写到磁盘文件即可。

程序如下:

```c
#include <stdio.h>
#include <stdlib.h>
int main(void)
{
    FILE *fp;
    char ch,filename[10];
    printf("请输入所用的文件名: ");
    scanf("%s",filename);
    if((fp=fopen(filename,"w"))==NULL)        //打开输出文件并使 fp 指向此文件
    {
        printf("无法打开此文件\n");             //如果打开时出错,输出出错信息
        exit(0);                              //终止程序
    }
    ch=getchar( );                            //用来接收最后输入的回车符
    printf("请输入一个字符串(以♯结束): ");
    ch=getchar( );                            //接收从键盘输入的第一个字符
    while(ch!='♯')                            //当输入'♯'时结束循环
    {
        fputc(ch,fp);                         //向磁盘文件输出一个字符
        putchar(ch);                          //将输出的字符显示在屏幕上
        ch=getchar();                         //再接收从键盘输入的一个字符
    }
    fclose(fp);                               //关闭文件
    putchar(10);                              //向屏幕输出一个换行符
    return 0;
}
```

程序运行结果如下:

```
请输入所用的文件名: file.txt
请输入一个字符串(以#结束): C program.#
C program.
```

在上例中,fopen 函数用"w"方式打开文件,从键盘读入一个字符,检查是否为"♯",如果是,表示字符串结束,不执行循环体;如果不是,则执行一次循环体,并将字符输出到

磁盘文件 file.txt。然后在屏幕上显示出该字符，接着再从键盘读入一个字符，直到读入"♯"字符为止。用户可以在磁盘中打开文件 file.txt 检查是否确实存储了输入的内容。

10.3.2　fgets 函数和 fputs 函数

fgets()函数的作用是从一个文件中读取一个字符串，其一般调用形式如下：

fgets(字符数组,字符数,文件型指针变量);

例如：

fgets(str,n,fp);

上述语句的作用是从 fp 指向的文件的当前位置开始读取 $n-1$ 个字符，并加上字符串结束标志'\0'一起放入字符数组 str 中。如果从文件读取字符时遇到换行符或文件结束标志 EOF，读取结束。函数返回值为字符数组 str 的首地址。注意，如果一开始就遇到文件尾或读数据错，返回 NULL。

fputs()函数的作用是向文件写入一个字符串，其一般调用形式如下：

fputs(字符串,文件型指针变量);

其中，字符串可以是字符串常量、指向字符串的指针变量、存放字符串数组的数组名。若写入文件成功，函数返回值为 0，否则为 EOF。注意，字符串的结束标志'\0'不输出。

例如：

fputs("Hello",fp);

在上述语句中，fp 为一个文件类型指针变量，上例将字符串中的字符 H、e、l、l、o 写入文件指针的当前位置。

例 10.2　从键盘读入若干个字符串，对它们按字母大小的顺序排序，然后把排好序的字符串送到磁盘文件中保存。

程序设计思路：为解决问题可分为三个步骤。

（1）从键盘读入 n 个字符串，存放在一个二维字符数组中，每一个一维数组存放一个字符串。

（2）对字符数组中的 n 个字符串按字母顺序排序，排好序的字符串仍存放在字符数组中。

（3）将字符数组中的字符串顺序输出。

程序如下：

```
#include <stdio.h>
#include <stdlib.h>
#include <string.h>
int main(void)
{
    FILE *fp;
    char str[3][10],temp[10];              //str 是用来存放字符串的二维数组
    int i,j,k,n=3;
```

```
    printf("Enter strings:\n");                        //提示输入字符串
    for(i=0;i<n;i++)
    gets(str[i]);                                       //输入字符串
    for(i=0;i<n-1;i++)                                  //用选择法对字符串排序
    {
        k=i;
        for(j=i+1;j<n;j++)
            if(strcmp(str[k],str[j])>0) k=j;
        if(k!=i)
        {
            strcpy(temp,str[i]);
            strcpy(str[i],str[k]);
            strcpy(str[k],temp);}
    }
    if((fp=fopen("D:\\CC\\string.txt", "w"))==NULL)     //打开磁盘文件
    {
        printf("can't open file!\n");
        exit(0);
    }
    printf("\nThe new sequence:\n");
    for(i=0;i<n;i++)
    {
        fputs(str[i],fp);                               //向磁盘文件写入一个字符串
        fputs("\n",fp);                                 //输出一个换行符
        printf("%s\n",str[i]);                          //在屏幕上显示
    }
    return 0;
}
```

程序运行结果如下：

在上例中，程序用 fopen 函数打开文件，并指定了文件路径，以便存放已排好序的字符串。

需要注意的是，在 C 语言中，在双撇号或单撇号内表示"\"应该用转义字符"\"，所以需写成"\\"，例如程序中的语句"D:\\CC\\string. txt"。

例 10.3 将 D 盘 data1. txt 中的内容复制到 D 盘 data2. txt 中。

程序设计思路：首先利用 fgets()函数从 data1. txt 文件中读取字符串，然后借助 fputs()函数向 data2. txt 文件写入字符串。

程序如下：

```
#include<stdio. h>
```

```
# include < stdlib. h >
int main(void)
{
    FILE  * f_in, * f_out;
    char str[50];
    if((f_out=fopen("D:\\data1.txt", "r"))==NULL)    //打开磁盘文件并使 f_out 指向文件
    {
        printf("can't open file!\n");               //若文件不存在,提示不能打开文件
        exit(0);
    }
    f_in=fopen("D:\\data2.txt","w");                //打开磁盘文件并使 f_in 指向文件
    while(!feof(f_out))                             //如果未遇到文件的结束标志
    {
        fgets(str,30,f_out);                        //从 f_out 指向的文件读取 30 个字符放入 str 数组
        fputs(str,f_in);                            //将 str 字符数组的字符写入 f_in 指向的文件
    }
    fclose(f_out);                                  //关闭文件
    fclose(f_in);                                   //关闭文件
    return(0);
}
```

在上例中先定义两个文件结构类型指针变量 f_out 和 f_in,使用 fopen 函数将它们分别指向 data1. txt 和 data2. txt。这里对 data1. txt 文件的访问使用只读方式("r"),该文件若不存在,则提示出错。程序最终将 f_out 的数据写入 f_in 指向的文件中。

10.3.3　fprint 函数和 fscanf 函数

在前面章节已介绍 printf 函数和 scanf 函数向终端进行格式化的输入与输出。若对文件进行格式化输入与输出,则要用 fprintf 函数和 fscanf 函数,它们的一般调用方式如下:

fprintf(文件指针,格式字符串,输出表列);
fscanf (文件指针,格式字符串,输入表列);

例如:

fprintf (fp,"%d,%6.2f",i,f);

它的作用是将 int 型变量 i 和 float 型变量 f 的值按%d 和%6.2f 格式写入到 fp 指向的文件中。

对下列语句而言:

fscanf (fp,"%d,%f",&i,&f);

若磁盘文件中有字符“3,4.5”,则 fscanf 函数从磁盘文件中读取整数 3 送给整型变量 i,读取实数 4.5 送给 float 型变量 f。

例 10.4　将 10 个学生记录输入到 D 盘的 stu1. txt 中,并且显示在屏幕上。

程序设计思路:首先用 fprintf()函数将数据写入磁盘文件,然后用 fscanf()函数从文件中读取数据,最后借助 printf 将数据显示到屏幕上。

程序如下:

```
#include <stdio.h>
#define N 10
int main(void)
{
    FILE *fp;
    long num;
    int n,score;
    char name[20];
    fp=fopen("D:\\stu1.txt","w");              //fp 指向 D 盘的 stu1.txt 文件
    for(n=1;n<=N;n++)
    {
        scanf("%s %10ld %d",name,&num,&score);   //读入数据
        fprintf(fp,"%20s%10ld%5d\n",name,num,score);  //将数据按格式写入 fp 指向的
                                                       文件中
    }
    fclose(fp);                                //关闭文件,释放指针
    fp=fopen("D:\\stu1.txt","r");              //fp 指向 D 盘的 stu1.txt 文件
    for(n=1;n<=N;n++)
    {
        fscanf(fp,"%20s%10ld%5d\n",name,&num,&score);  //读取 fp 指向文件的数据
        printf("%20s%10ld%5d\n",name,num,score);       //将数据显示到屏幕上
    }
    fclose(fp);                                //关闭文件
    return(0);
}
```

程序运行结果如下:

```
LiMing 1001 92
WangHong 1002 87
ZhangJing 1003 89
XiaoXia 1004 78
WangLi 1005 92
LiMo 1006 83
WangFan 1007 93
DaWei 1008 78
LiJing 1009 85
SunJing 10010 95
              LiMing      1001     92
            WangHong      1002     87
           ZhangJing      1003     89
             XiaoXia      1004     78
              WangLi      1005     92
                LiMo      1006     83
             WangFan      1007     93
               DaWei      1008     78
              LiJing      1009     85
             SunJing     10010     95
```

在上例中,fprintf 和 fscanf 函数主要用于数据文件的读写,既可以使用 ASCII 文件也可以使用二进制文件,使用方便,容易理解,但由于在输入时要将文件中的 ASCII 码转换为二进制形式再保存在内存变量中,在输出时又要将内存中的二进制形式转换成字符,需要花费较多时间。在程序中若内存与磁盘频繁交换数据,最好不用 fprintf 和 fscanf 函数,而用下面介绍的 fread 和 fwrite 函数进行二进制的读写。

10.3.4　fread 函数和 fwrite 函数

在程序中经常需要一次输入或输出一组数据,如数组或结构体变量的值,C 语言允许用 fread 函数从文件中读一个数据块,用 fwrite 函数向文件写一个数据块,但要注意数据的读写是以二进制形式进行的。

它们的一般调用形式如下:

fread(buffer,size,count,fp);
fwrite(buffer,size,count,fp);

- buffer:一个地址,对 fread 来说,它是用来存放从文件读入的数据的存储区的地址;对 fwrite 来说,是要把此地址开始的存储区中的数据向文件输出。
- size:要读写的字节数。
- count:要读写的数据项的个数。
- fp:指向文件的 FILE 型指针。

fread() 函数的作用是从文件中读出成批数据块,如果 fread 函数操作成功,则返回值为实际从文件中读取数据块的个数。

例如,已知 stu1 是一个结构体 struct student 类型变量,若有以下语句:

fread(&stu1,sizeof(struct student),1,fp);

其作用是从文件类型指针 fp 指向的文件的当前位置开始读取一个数据块,该数据块为结构体 struct student 类型变量所占的字节数,然后将读取的内容放入变量 stu1 中。

fwrite() 函数的作用是将成批的数据块写入文件,如果 fwrite 函数操作成功,则返回值为实际写入文件的数据块的个数。

例如,已知 struct student 类型的数组 stu[20],若有以下语句:

fwrite(&stu[1],sizeof(struct student),2,fp);

其作用是从结构体数组元素 stu[1]存放的地址开始以一个结构体 struct student 类型变量所占的字节数为一个数据块,共写入 fp 指向的文件两个数据块,即将 stu[1]、stu[2]的内容写入文件。如果操作成功,函数的返回值为 2。

这两个函数常用于读写数组和结构体类型数据,如例 10.5。

例 10.5　从键盘输入 10 个学生的有关数据,然后把它们转存到磁盘文件中,并在屏幕上显示数据。

程序设计思路:首先定义一个结构体数组存放 10 个学生的数据,用 fwrite 函数一次输出一个学生的数据到磁盘文件,用 fread 函数从文件读一个学生的数据,然后在屏幕上显示输出。

程序如下:

```
# include < stdio. h >
# include < stdlib. h >
# define SIZE 10
```

```
struct Student_type
{
    char name[10];
    int num;
    int age;
}stud[SIZE];                          //定义全局结构体数组 stud

void save( )                          //定义函数 save,向文件输出学生的数据
{
    FILE * fp; int i;
    if((fp=fopen("stu.txt","wb"))==NULL)      //打开文件
    {
        printf("cannot open file\n");
        return;
    }
    for(i=0;i<SIZE;i++)
        if(fwrite(&stud[i],sizeof(struct Student_type),1,fp)!=1)   //判断写入文件数据是否
                                                                   成功
        printf("file write error\n");
    fclose(fp);
}

int main(void)
{
    FILE * fp;
    int i;
    printf("enter data of students:\n");
    for(i=0;i<SIZE;i++)                        //输入学生数据,存放到数组 stud 中
    scanf("%s%d%d",stud[i].name,&stud[i].num,&stud[i].age);
    save();

    if((fp=fopen("stu.txt","rb"))==NULL)      //打开文件
    {
        printf("cannot open file\n"); exit(0);
    }
    for(i=0;i<SIZE;i++)
    {
        fread (&stud[i],sizeof(struct Student_type),1,fp);    //从 fp 指向的文件读入一组
                                                              数据
        printf ("%-10s %4d %4d\n",stud[i].name,stud[i].num, stud[i].age);
                                                              //数据输出
    }
    fclose (fp);                              //关闭文件
    return 0;
}
```

程序运行结果如下:

上例与例 10.4 类似，先定义了一个包含 10 个元素的结构体数组，用于存放 10 个学生的数据。在 main 函数中从终端键盘输入 10 个学生的数据，调用 save 函数实现向磁盘输出学生数据，用 fwrite 函数一次输出一个学生的数据到磁盘文件 stu. txt。

需要注意的是，在使用 fread 函数和 fwrite 函数读写文件时只有使用二进制方式才可以读写任何类型的数据。

10.4 文件的定位

前面介绍的文件读写函数都是顺序读写数据的，在读写完一个字符(字节)后位置指针自动移到下一个字符(字节)位置。如果想强制使位置指针指向其他指定的位置，可以采用下面介绍的几种函数。

10.4.1 rewind 函数

rewind 函数的作用是将指向文件的指针重新指向文件的开始位置，此函数没有返回值。其一般调用形式如下：

rewind(文件型指针变量);

例 10.6 假设有一个磁盘文件，其中有一些信息，要求第 1 次将它的内容显示在屏幕上，第 2 次把它复制到另一个文件上。

程序设计思路：第 1 次读入完文件内容后，文件位置标记已指向文件的末尾，用 rewind 函数使位置指针返回到文件开头，开始第 2 次读数据，并将数据复制到另一个文件上。

程序如下：

```
#include<stdio.h>
int main(void)
{
    FILE * fp1, * fp2;
    fp1=fopen("file1.txt","r");              //打开输入文件
```

```
fp2＝fopen("file2.txt","w");                //打开输出文件
while(!feof(fp1))
    putchar(getc(fp1));                     //逐个读入字符并输出到屏幕
putchar(10);                                //输出一个换行
rewind(fp1);                                //使文件位置标记返回文件头
while(!feof(fp1))                           //从文件头重新逐个读字符
    putc(getc(fp1),fp2);                    //输出到 fp2 指向的文件 file2.txt
fclose(fp1);
fclose(fp2);
return 0;
}
```

程序运行结果如下：

```
Hello C program!
Press any key to continue
```

在上例中，因为在第 1 次读入完文件内容后文件标记已指到文件的末尾，如果再接着读数据，就遇到文件结束标志，feof 函数的值为非零（真），无法再读数据，所以必须在程序中用 rewind 函数使位置指针返回文件的开头，将 feof 函数的值恢复为 0（假）。注意，fp1指向的磁盘文件 file1.txt 是以只读方式打开的，必须在磁盘中已存在此文件。

10.4.2　fseek 函数

fseek 函数的作用是改变文件的位置指针，读写文件中任意位置所需要的字符（字节）。其一般调用形式如下：

fseek(文件型指针变量,位移量,起始点);

其中，位移量是指以起始点为基点向前移动的字节数。注意，位移量应是 long 型数据（在数字的末尾加一个字母 L）。

对起始点而言，0 代表"文件开始位置"，1 为"当前位置"，2 为"文件末尾位置"。

ANSI C 标准指定的名字如表 10.2 所示。

表 10.2　位置指针的起始点

起　始　点	名　字	用数字代表
文件开始位置	SEEK_SET	0
文件当前位置	SEEK_CUR	1
文件末尾位置	SEEK_END	2

fseek 函数一般用于二进制文件。

下面是几个 fseek 函数调用的示例。

```
fseek (fp,100L,0);          //将文件位置标记向前移到离文件开头 100 个字节处
fseek (fp,50L,1);           //将文件位置标记向前移到离文件当前位置 50 个字节处
fseek (fp,−10L,2);          //将文件位置标记从文件末尾处向后退 10 个字节
```

10.4.3　ftell 函数

由于文件中的位置标记经常移动，人们往往不容易知道其当前位置，所以常用 ftell
函数得到当前位置，用相对于文件开头的位移量来表示。

因此，ftell 函数的作用是得到流式文件中文件位置标记的当前位置。如果在调用函
数时出错（如不存在 fp 指向的文件），ftell 函数的返回值为 -1L。

例如：

```
i=ftell(fp);
if(i==-1L) printf("error\n");
```

10.4.4　实例解析

例 10.7　在例 10.5 中建立的 stu. txt 文件上存有 10 个学生的数据，要求将第 1、3、
5、7、9 个学生数据输入计算机，并在屏幕上显示出来。

程序设计思路：从磁盘文件读入一个学生数据后用 fseek 函数移动文件位置标记，指
向文件中所需数据区的开头。

程序如下：

```
#include <stdio.h>
#include <stdlib.h>
struct St
{
    char name[10];
    int num;
    int age;
}stud[10];                               //存放 10 个学生数据的结构体数组
int main(void)
{
    int i;
    FILE * fp;
    if((fp=fopen("stu.txt","rb"))==NULL)     //以只读方式打开二进制文件
    {
        printf("can not open file\n"); exit(0);
    }
    for(i=0;i<10;i+=2)
    {
        fseek(fp,i * sizeof(struct St),0);    //移动文件位置标记
        fread(&stud[i], sizeof(struct St),1,fp);   //读一个数据块到结构体变量
        printf("%-10s %4d %4d \n",stud[i].name,stud[i].num,stud[i].age);
                                         //输出学生信息
    }
    fclose(fp);
    return 0;
}
```

程序运行结果如下：

```
Li         1001    19
Zhao       1003    20
Sun        1005    17
Zhen       1007    20
Liu        1009    17
Press any key to continue
```

在上例中，程序按二进制只读方式打开的是例 10.5 中建立的 stu.txt 文件，将文件位置标记指向文件的开头，读入一个学生的信息，并把它显示在屏幕上。再将文件标记指向文件中第 3、5、7、9 个学生的数据区的开头，读入相应学生的信息，并把它显示在屏幕上。最后关闭文件。

本章的内容在实际应用中是很重要的，许多可供实际使用的 C 程序都包含文件处理。但受篇幅所限，本章只介绍了一些基本概念和简单实例供读者参考，希望能够对读者在 C 语言编程中使用文件有所帮助。

第 11 章 C 语言在单片机编程中的实例解析

在第 1 章中曾提到,对计算机、电子、电气等工科专业学生而言,C 语言是一门必须要掌握的高级语言,因为在实际的工业应用中很多设备的核心控制芯片都是用 C 语言编写程序的,如单片机、DSP 等。

单片机也叫单片微型计算机,它是一种集成电路,是采用超大规模集成电路技术把具有数据处理能力的中央处理器(CPU)、随机存储器(RAM)、只读存储器(ROM)、多种 I/O 口和中断系统、定时器/计数器等集成到一块硅片上构成的一个微型计算机系统,具有体积小、质量轻、价格便宜等优点(根据型号不同,单片机还可能包括显示驱动电路、脉宽调制电路、模拟多路转换器、A/D 转换器等)。

在工业控制中,单片机几乎相当于一个微型计算机(和计算机相比,单片机只缺少 IO 设备),应用领域非常广泛,如智能仪表、实时工控、通信设备、导航系统、家用电器等。

随着工业水平的不断提高,单片机从 20 世纪 80 年代开始进入飞速发展阶段,从最初的 4 位单片机、8 位单片机、16 位单片机发展到现在最新的 32 位单片机。

单片机的编程语言也经历了三个阶段。

(1) 机器语言:最早的单片机是使用机器语言编程的。由于编程周期过长、代码烦琐且难懂、难记等缺点,机器语言很快被汇编语言代替。

(2) 汇编语言:汇编语言是一种用文字助记符来表示机器指令的符号语言,是最接近机器码的一种语言,具有可直接访问硬件、占用的资源少、程序的执行效率高等优点,但不同厂家单片机所用的汇编语言不同,所以用汇编语言编写的程序可移植性较差。

(3) C 语言:作为一种编译型程序设计语言,C 语言兼顾了高级语言和汇编语言的优点。它既有库函数丰富、运算快速精准、编译效率高、可移植性好等优点,又可以直接对单片机硬件进行控制(很多高级语言无法直接控制硬件)。

从 20 世纪 80 年代开始,人们使用 C 语言开发单片机程序。虽然初期困难很多,但是经过 Keil、Archmeades、IAR、BSO 等公司的不懈努力,C 语言从 20 世纪 90 年代开始逐渐成为专业化的单片机编程语言,其程序代码长、运行速度慢、效率低等问题均被克服。目前,对单片机实际应用程序而言,C 语言的编程效果几乎和汇编语言相同。

与汇编语言相比,使用 C 语言进行单片机编程的优点如下:

(1) 用户无须掌握单片机指令集及其内部硬件结构也能够编写专业水平的单片机程序。

(2) 不同函数的数据覆盖可有效利用单片机有限的 RAM 空间。

(3) C 语言可对数据进行专业处理,避免运行中非异步的破坏,使程序具有坚固性。

(4) C 语言提供了复杂的数据类型,如数组、结构、联合、枚举、指针等,可以增强单片机的数据处理能力。

(5) C 语言提供的 auto、static、const 等存储类型以及专门针对 51 单片机的 data、idata、pdata、xdata、code 等存储类型可以自动为变量分配合理的地址。

(6) C 语言提供了 small、compact、large 等编译模式,可以适应单片机片上存储器的大小。

(7) 中断服务程序的现场保护和恢复、中断向量表的填写可直接由 C 编译器代办。

(8) C 语言拥有众多函数库可供用户直接使用。

(9) C 语言可以在头文件中定义宏、声明复杂数据类型和函数原型,有利于单片机程序的移植和系列产品的开发。

(10) C 语言的模块化程序结构可以为软件开发中的模块化程序设计提供保障。

(11) C 语言可接受多种实用程序的服务,如片上资源的初始化可由专门的程序自动生成。

综上所述,因为 C 语言对比汇编语言优势明显,所以使用 C 语言进行单片机程序设计已成为单片机软件开发的主流趋势。

由于单片机的生产厂家众多,下面仅以传统的 8 位 51 单片机(51 单片机种类较多,本文使用的是 Atmel 公司的 AT89C51 和 AT89C52 单片机)和飞思卡尔的 32 位 K60 单片机为例简述 C 语言在单片机编程中的一些应用情况。

实例 1

编程要求:定义一个无参函数,使单片机延迟一个固定的时间。

程序分析:可以利用 for 循环执行空语句实现延时。

程序如下:

```
void delay (void)          /* 第 1 个 void 为函数返回值类型,表示此函数不产生返回值,
                              delay 是函数名,第 2 个 void 表示函数没有参数 */
{
    int x,y;               /* 定义整型变量 x、y */
    /* 利用两重 for 循环嵌套实现延时,循环执行次数为 500×500=250000 次 */
    for(x=500;x>0;x--)
        for(y=500;y>0;y--)
```

```
    ;                          /* 内循环语句为空语句,表示执行的 250000 次循环中不执行任
                                  何操作,只是消耗时间,起到延时作用 */
}
```

本例主要利用两重循环嵌套设计了一个时间固定的延时程序,内容比较简单。在 51 单片机和 K60 单片机中经常需要使用类似的延时程序,请读者注意体会。

实例 2

编程要求:定义一个有参函数,用于单片机延时,延迟时间可变。

程序分析:利用有参函数实参到形参的传递来传递延时参数,从而改变延迟时间。

程序如下:

```
int delay (int z)              /* void 为函数返回值类型,delay 为函数名,z 为函数的形参,用于
                                  传递延时参数,控制延迟时间的长短 */
{
    int x,y;                   /* 定义整型变量 x、y */

    for(x=z;x>0;x--)           /* 用两重循环嵌套实现延时,循环次数为 z×500 次 */
        for(y=500;y>0;y--)
            ;
}
```

本例与上例的作用类似,区别在于本例的延迟时间是可以由主调函数指定的,即延迟时间是可变的。

实例 3

编程要求:通过控制 51 单片机引脚 P1.1 的高、低电平,点亮或熄灭发光二极管,使其产生闪烁的效果。

程序分析:当单片机引脚 P1.1 被设置为高电平“1”时,二极管被点亮;当单片机引脚 P1.1 被设置为低电平“0”时,二极管被熄灭。因此,可以利用 C51 扩展的数据类型“sbit”,将 51 单片机的 P1.1 引脚定义为一个位变量。通过不断改变该位变量的赋值,使其在 1 和 0 之间来回变化,就能够使 P1.1 在高低电平之间轮流切换,发光二极管也随之不断亮灭,产生闪烁效果。

程序如下:

```
#include<reg51.h>            /* 包含头文件 reg51.h,其作用是将 51 单片机常用库函数包含到
                                  文件当中 */
#define HIGH 1               /* 宏定义,用 HIGH 表示 1 */
#define LOW 0                /* 宏定义,用 LOW 表示 0 */
sbit LED1=P1^1;              /* 用 sbit 定义位变量,将 51 单片机引脚 P1.1 命名为 LED1,之
                                  后对 LED1 赋值,就可改变单片机引脚高低电平 */
void delay( )                /* 设置延时函数 delay(),用于控制二极管点亮和熄灭的时间 */
{
    float x;                 /* 定义浮点型变量 x */
    unsigned int y;          /* 定义整型变量 y */
```

```
        unsigned int Z=500;        /*定义无符号整型变量 Z,用于指定循环次数*/
        for(x=Z;x>0;x--)          /*利用两重 for 语句嵌套实现延时,外循环执行 500 次*/
            for(y=50;y>0;y--)     /*内循环执行 50 次*/
                ;                  /*循环体只是通过执行空语句实现延时*/
        }
    }
    int main(void)                 /*定义主函数*/
    {
        while(1)                   /*死循环,whlie 语句后面的表达式恒为真(1),一直执行循环中
                                      的语句,使二极管不断闪烁*/
        {
            LED1=HIGH;             /*位变量 LED1 为 1,则 P1.1 被设为高电平,电路导通,发光二
                                      极管被点亮*/
            delay( );              /*调用延时函数 delay,使发光二级管持续亮一段时间*/
            LED1=LOW;              /*位变量 LED1 为 0,则 P1.1 被设为低电平,电路断开,发光二
                                      极管熄灭*/
            delay( );              /*调用延时函数 delay,使发光二级管持续熄灭一段时间*/
        }
        return 0;                  /*返回 0*/
    }
```

本例利用 C51(C 语言与单片机结合的产物,主要用于单片机的 C 语言编程)的扩展关键字 sbit 将 51 单片机的 P1.1 引脚定义为位变量 LED1。通过改变 LED1 的值,使 51 单片机引脚 P1.1 在高低电平之间切换,实现发光二极管电路的接通或断开。为使发光二极管的发光能够持续一段时间,程序中使用了延时函数 delay。

delay 函数不执行任何操作,只是通过指定次数(本例中循环次数为 50×500 次)的空循环实现延时。在使用延时函数之后,二极管才会产生闪烁效果,否则由于程序运行速度过快,人眼根本无法分辨二极管过于快速的亮灭过程,二极管在人眼中会始终处于点亮状态。

本例主要涉及宏定义、顺序结构、循环结构、位运算和函数调用等知识点。

实例 4

编程要求:通过控制 51 单片机引脚电平使蜂鸣器响动或静止。

程序分析:一般给蜂鸣器工作电路施加高电平,蜂鸣器就会响动,否则蜂鸣器静止,因此,通过控制与蜂鸣器工作电路连接的单片机引脚的高低电平就能使蜂鸣器响或不响。

程序如下:

```
    #include <reg51.h>           /*包含头文件 reg51.h,其作用是将 51 单片机常用库函数包含到
                                     文件中*/
    sbit Beep=P1^5;              /*用 sbit 定义位变量,将 51 单片机 P1.5 引脚命名为 Beep,方便
                                     编程使用*/
    int main(void)               /*定义主函数*/
    {
        char i,j;                /*定义字符型变量 i 和 j*/
        while(1)                 /*死循环,whlie 语句后面的表达式恒为真(1),一直执行循环中
                                    的语句,使蜂鸣器持续工作*/
```

```
    {
        Beep=1;                    /*将引脚 P1.5 置为高电平,电路导通蜂鸣器响动*/
        for(i=5;i>0;i--)
            for(j=200;j>0;j--)
                ;                  /*利用两重 for 语句嵌套实现延时,其中,外循环执行 5 次,内循
                                      环执行 200 次,内循环只有一个空语句";"通过 1000 次空循环
                                      (5*200=1000)实现延时,使蜂鸣器持续响动一段时间*/
        Beep=0;                    /* P1.5 口置为低电平,电路断开,蜂鸣器静止*/
        for(i=5;i>0;i--)
            for(j=200;j>0;j--)
                ;                  /*同上,延时程序,使蜂鸣器安静一段时间*/
    }
}
```

因为无源蜂鸣器无法自震荡,所以需要通过外部电平控制蜂鸣器内部的钼片震荡实现发声。本例通过控制单片机引脚 P1.5 的高低电平使无源蜂鸣器响或不响。为使蜂鸣器持续响动或静止一段时间,本例利用两重 for 语句嵌套执行 1000 次空循环,实现了延时功能。

本例同样是使用 C51 编写的,主要涉及顺序结构、循环结构、位运算等知识点,内容相对简单,程序篇幅较小。

实例 5

编程要求:假设 51 单片机 P1 口(单片机的一个输入输出端口,用于输入或输出信号)的 8 个引脚(P1.0～P1.7)各连接了一个发光二极管,要求利用指针数组编程使 8 个发光二极管实现流水灯效果(假设发光二极管接高电平时点亮,接低电平时熄灭)。

程序如下:

```
# include <reg51.h>            /*包含头文件 reg51.h,其作用是将 51 单片机的常用库函数
                                  包含到文件中*/
void delay(void)               /*定义延时函数*/
{
    unsigned char m,n;
    for(m=0;m<200;m++)         /*两重 for 语句嵌套*/
        for(n=0;n<200;n++)
            ;                  /*空语句*/
}
int main(void)
{



    unsigned char code table[]={0xfe,0xfd,0xfb,0xf7,0xef,0xdf,0xbf,0x7f};
    /*上句定义了一个一维数组存放 8 个数据.code 是 C51 的关键字,其作用是告诉单片机后面
       定义的数据要存储在 ROM(单片机程序存储区)中,写入后不能再更改*/
    /* 0xfe～0x7f 的代码说明:若 P1 口的值为 0xfe,则 P1.0 为低电平,与之连接的发光二极管
       熄灭,P1.1～P1.7 为高电平,与之连接的 7 个发光二极管点亮;若 P1 口的值为 0xfd,则
       P1.1 为低电平,与之连接的发光二极管熄灭,其余 7 个发光二极管点亮,以此类推.当 P1
       口的值在 0xfe～0x7f 之间轮流变化时,发光二极管就会产生流水灯效果*/
```

```
unsigned char * p[ ]={&table[0],&table[1],&table[2],&table[3],&table[4],&table[5],
                      &table[6],&table[7]};
```
/* 上句定义了一个指针数组,数组的每一个指针都指向数组 table[ ]的一个元素 */
```
unsigned char i;
while(1)                      /* 死循环,whlie 语句后面的表达式恒为真(1),一直执行 while
                                 循环中的语句 */
{
    for(i=0;i<8;i++)
    {
        P1= * p[i];           /* 通过引用指针数组元素改变单片机 P1 口的值 */
        delay( );             /* 调用延时函数,以产生闪烁效果 */
    }
}
```

本例主要涉及一维数组、函数调用、指针数组等知识。

程序首先定义了一个一维数组,用于存储可使发光二极管依次熄灭的数据 0xfe、0xfd、0xfb、0xf7、0xef、0xdf、0xbf、0x7f,之后又定义了一个指针数组,并使指针数组中的各指针指向一维数组的各元素,然后通过指针数组逐个引用一维数组中的数据,并发送给 P1 口,使 8 个发光二极管依次熄灭,实现流水灯的效果。

实例 6

编程要求:通过 51 单片机控制一个数码管显示 0~F(十六进制的数码)。

程序分析:首先需要了解什么是数码管。假设本例采用的数码管为共阴极数码管,它是由 8 个发光二极管按一定的顺序排列,并将阴极连接在一起构成的。其中,每一个发光二极管都是数码管的一段,因此数码管也叫 8 段数码管。如果希望共阴极数码管显示数字"0",则数码管中 8 个发光二极管的阳极电平应依次为 00111111,将其转换为十六进制数就是 0x3f,同理可得 1~F 的显示码。这部分内容涉及数字电子技术知识,这里不再详述,如果读者有兴趣,可参考数字电子技术教材了解相关知识。

16 个十六进制数码 0~F 的显示码依次为 0x3F、0x06、0x5B、0x4F、0x66、0x6D、0x7D、0x07、0x7F、0x6F、0x77、0x7C、0x39、0x5E、0x79、0x71。

数码管要显示的数的显示码由单片机的 IO 口传给数码管。例如,要显示数字 0,则需将显示码 0x3f 先送入某个 IO 口。因为下例使用的是 P1 口,所以当 P1 口的值为显示码 0x3f 时,数码管就会显示数字 0。

程序如下:

```
#include < reg51.h >        /* 包含头文件 reg51.h */
unsigned char code temp[16]={0x3F, 0x06, 0x5B, 0x4F, 0x66, 0x6D, 0x7D, 0x07,0x7F,0x6F,
                             0x77, 0x7C, 0x39, 0x5E, 0x79, 0x71};
                           /* 上述语句定义了一个一维数组用来存放 0~F 的显示码,其中
                              code 是 C51 的关键字,其作用是告诉单片机后面定义的数据
                              要存储在 ROM(单片机程序存储区)中,写入后不能更改 */

void delay(unsigned int i)   /* 定义含形参的延时函数 */
```

```
{
    char j;                      /*定义字符变量 j*/
    for(i;i>0;i——)              /*两重循环嵌套实现延时,共执行 i×200 次空循环*/
        for(j=200;j>0;j——)
            ;                    /*内层循环的语句为空语句*/
}
int main(void)                   /*定义主函数 main*/
{
    unsigned char i=0;           /*定义无符号字符变量 i,初值为 0*/
    while(1)                     /*死循环,whlie 语句后面的表达式恒为真(1),一直执行 while
                                   循环中的语句*/
    {
        P1=temp[i];              /*将要显示的数据的显示码送入 P1 口,由 P1 口输出并驱动数
                                   码管显示相应的数*/
        i++;                     /*i 自增 1,准备下一次数码管要输出的数据*/
        if(i==16)                /*如果超出数组范围,则将 i 清零,重新计数*/
        {
            i=0;
        }
        delay(50);               /*调用延时函数,使数码管的显示保持一段时间*/
    }
    return 0;
}
```

本例利用一维数组、选择结构、循环结构和函数调用等知识实现了十六进制数 0～F 的数码管显示。

在程序中,16 个需要显示的十六进制数 0～F 的显示码被存放到一维数组中。程序通过依次调用数组中的显示码,并将其送入 51 单片机的 P1 口,由 P1 口驱动数码管逐个显示十六进制数 0～F。

实例 7

编程要求:通过 51 单片机编程控制 8 个共阴极数码管,使它们同时显示数字 0～7。

程序分析:首先需要解决 8 个数码管同时显示数字 0～7 的问题。为简化电路设计,可以利用人眼的视觉暂留现象一次选通一个数码管,在一个数码管被选通之后向它发送需要显示的数字的显示码,之后选择下一个数码管并显示另一个数字,以此类推,8 个数码管轮流被选通并显示数字 0～7。如果合理控制数码管的轮转显示速度,使其超过人眼的分辨率,则对人眼来说数字 0～7 就相当于同时显示。

每一个要显示的数的显示码都要先送入单片机的 IO 口,然后由 IO 口驱动数码管进行显示。例如要显示数字 0,则需将显示码 0x3f 先送入某个 IO 口。因为下例使用了 P0 口,所以要先将数字 0 的显示码 0x3f 送入 P0 口,然后由 P0 口驱动数码管显示数字 0。

程序如下:

```
#include<reg51.h>              /*包含头文件 reg51.h*/
#define GPIO_DIG P0            /*宏定义,将 51 单片机的 IO 口 P0 命名为 GPIO_DIG,以方便后
                                 续编程使用*/
```

```
sbit LSA=P2^2;              /* 将 51 单片机的 P2.2 引脚命名为 LSA */
sbit LSB=P2^3;              /* 将 51 单片机的 P2.3 引脚命名为 LSB */
sbit LSC=P2^4;              /* 将 51 单片机的 P2.4 引脚命名为 LSC,通过 LSA、LSB、LSC 的
                               高低电平组合决定哪个数码管点亮 */

/* 全局变量定义开始 */

unsigned char code DIG_CODE[8]={0x3f,0x06,0x5b,0x4f,0x66,0x6d,0x7d,0x07};
                            /* 定义一个一维数组用来存放 0~7 的显示码,对于共阴极数码
                               管而言,0x3f 对应 0,…,0x07 对应 7。注意,code 的作用是告
                               诉单片机此数组存储的数据要存储在 ROM(单片机程序存储
                               区)中,写入后不能再更改 */
unsigned char DisplayData[8];  /* 定义一维数组用于存放数字 0~7 的显示码 */

/* 全局变量定义结束 */

int main(void)
{
    unsigned char i;        /* 定义无符号字符变量 i */
    unsigned int j;         /* 定义无符号整型变量 j */
    unsigned char k;        /* 定义无符号字符变量 k */
    for(i=0;i<8;i++)        /* 利用循环将要显示的 8 位数放入数组 */
    {
        DisplayData[i]=DIG_CODE[i];
    }
    while(1)                /* 死循环,while 后面的表达式的值恒为真(1),一直执行 while
                               循环体中的语句 */
    {
        for(k=0;k<8;k++)
        {
        switch(k)           /* 利用 switch 语句选择点亮哪一位的数码管 */
        {
            case(0):LSA=0;LSB=0;LSC=0; break;     /* 选择第 0 位数码管 */
            case(1):LSA=1;LSB=0;LSC=0; break;     /* 选择第 1 位数码管 */
            case(2):LSA=0;LSB=1;LSC=0; break;     /* 选择第 2 位数码管 */
            case(3):LSA=1;LSB=1;LSC=0; break;     /* 选择第 3 位数码管 */
            case(4):LSA=0;LSB=0;LSC=1; break;     /* 选择第 4 位数码管 */
            case(5):LSA=1;LSB=0;LSC=1; break;     /* 选择第 5 位数码管 */
            case(6):LSA=0;LSB=1;LSC=1; break;     /* 选择第 6 位数码管 */
            case(7):LSA=1;LSB=1;LSC=1; break;     /* 选择第 7 位数码管 */
        }
        GPIO_DIG=DisplayData[k];                  /* 将要显示的数的显示码送
                                                     入 P0 口,以便驱动被选中
                                                     的数码管进行显示 */
        j=10;               /* 设定延时时间 */
        while(j--);         /* 利用 while 语句延时,使数码管的显示持续一段时间,若显示
                               时间过短,人眼也是无法分辨的 */
        GPIO_DIG=0x00;      /* 消隐,使被选通的数码管不再显示 */
        }
```

```
    }
    return 0；
}
```

本例中使用了顺序结构、选择结构、循环结构、宏定义、全局变量等知识点。

通过 51 单片机轮流选通 8 个共阴极数码管，并使它们分别显示数字 0～7。在实际电路连接中，8 个数码管是由 74LS138 译码器选择的。如果译码器输入端的二进制编码为 000～111，则译码器的输出会选通该编码对应的数码管进行显示。例如，若二进制代码为 000 则第 1 个数码管被选通，…，若二进制代码为 111 则第 7 个数码管被选通。

在程序中，译码器输入端的二进制编码由 switch 语句选择确定。根据 switch 语句选择结果，8 个数码管每次只有一个被选通，但是因为单片机的运行速度很快，数码管点亮、熄灭的速度很快，人眼无法分辨，所以看起来就好像 8 位数码管同时被选通显示数字 0～7 一样。

实例 8

编程要求：通过飞思卡尔 32 位单片机 K60 编程去除智能小车摄像头采集图像中的椒盐噪点。

程序分析：摄像头采集到的图像都有一些椒盐噪点（由图像传感器、传输信道、解码处理等产生的黑白相间的亮暗点），在智能车比赛中这些噪点可能会影响赛车对赛道情况的判断，因此需要对摄像头采集到的图像进行简单的去噪处理。

具体去噪方法是对每个点及其周围的 8 个像素点的阈值取平均值，然后将其作为这个点的值。

程序如下：

```
# include < string.h >              /* 下面使用的 memset 函数需包含 string.h 头文件 */
# define COL 320                    /* 宏定义，COL 代表 320，是图像的列数 */
# define ROW 80                     /* 宏定义，ROW 代表 80，是图像的行数 */
unsigned char Pix_Data[ROW][COL]={0}；    /* 定义二维数组 Pix_Data[ROW][COL]存储
                                           图像，分别与图像上的像素点的灰度值一一
                                           对应，即一幅图像有 320 列、80 行，也可以说
                                           像素为 320×80 */
void lvbo()
{
    int x=0；                       /* 定义变量 x 并赋初值 0 */
    memset(fan,0,sizeof(fan))；       /* 调用 memset 函数将 fan 数组清零 */
    for (int i=2；i< COL-1；i++)    /* 遍历(i,j)周围的 9 个点求平均值作为该点的值，变量 x
                                       仅在此循环内有效，循环结束立即释放 */
    {
        for (int j=2；j< ROW-1；j++)    /* 变量 j 仅在此循环内有效，循环结束立即释放 */
        {
            x=Pix_Data[j-1][i-1]+Pix_Data[j-1][i]+Pix_Data[j-1][i+1]+
                Pix_Data[j][i-1]+Pix_Data[j][i]+Pix_Data[j][i+1]+
                Pix_Data[j+1][i-1]+Pix_Data[j+1][i]+ Pix_Data[j+1][i+1]；
            fan[j][i] = (int)(x/9)；/* 计算平均值 */
```

```
        }
    }
}
```

上例中主要是算法设计,利用循环结构、二维数组和函数调用等知识,通过取平均值法去除了摄像头采集到的图像中的椒盐噪点。

实例 9

编程要求:通过 K60 单片机写入一组数据到内存卡,创建一个文本文档格式的文件,并往里面写一些字符串。

程序分析:由于 K60 具有丰富的库函数,因此本例主要通过调用多个库函数实现编程目的,重点是向读者展示内存卡文本的创建方法和过程。

程序如下:

```
#include "common.h"          /*包含 common.h 头文件*/
#include "string.h"          /*包含 string.h 头文件*/
#define BUFF_SIZE 10         /*宏定义数组大小,用 BUFF_SIZE 代表 10*/
int main(void)
{
    FIL fdst;                /*定义文件名*/
    FATFS fs;                /*定义文件系统*/
    uint32 size, sizetmp;    /*定义 32 位无符号整型变量 size、sizetmp*/
    int res;                 /*定义整型变量 res*/
    char * str="design by shijiazhuanguniversity";
                             /*定义字符类型的指针并赋初值*/
    uint8 buff[BUFF_SIZE];   /*定义 8 位无符号整型数组 buff,数组长度为 BUFF_
                               SIZE*/
    memset(buff,0,BUFF_SIZE);  /*调用 memset 函数将 buff 数组清零*/
    f_mount(0, &fs);          /*挂载文件系统*/

    /*初始化 SD 卡在 f_open 上执行,目前代码只支持打开一个文件(由_FS_SHARE 配置),频
繁打开文件会消耗 CPU 资源*/
    res=f_open(&fdst,"0:/FireDemo.txt",FA_OPEN_ALWAYS | FA_WRITE | FA_READ);
    /*打开文件,如果没有就创建,带读写打开*/
    printf("\n 字符串长度为:%d", strlen(str));    /*输出字符串 str 的长度*/
    f_puts(str, &fdst);       /*往文件里写入字符串*/
    f_sync(&fdst);            /*刚才写入了数据,实际上数据并没
                                真正完成写入,需要调用此函数同
                                步或者关闭文件才会真正写入*/

    size=f_size(&fdst);       /*获取文件的大小*/
    printf("\n 文件大小为: %d\n", size);  /*串口打印文件的大小*/
    if(size>BUFF_SIZE)size=BUFF_SIZE;  /*防止溢出*/
    f_lseek(&fdst, 0);        /*把指针指向文件顶部*/
    f_read (&fdst, buff, size, &sizetmp);  /*读取文件*/
    printf("文件内容为: \n%s", (char const * )buff);  /*输出文件内容*/
    f_close(&fdst);           /*关闭文件*/
    return 0;
}
```

本例主要利用多个库函数的调用在内存卡中创建了一个文本文档,并且将一串数据"design by shijiazhuanguniversity"写入该文本文档。由于篇幅限制,具体被调函数的内容不再一一列出,请读者谅解。

实例 10

编程要求:通过 K60 单片机编程控制智能小车舵机左右摆动。

程序分析:K60 提供了现成的 PWM 控制函数,通过函数调用并指定函数参数即可控制舵机按照指定的角度左右摆动。

程序如下:

```
# include "common.h"
# include "include.h"
# define uint unsigned int              /* 变量类型重命名,用 uint 代替 unsigned int */
# define S3010_FTM FTM1                  /* 宏定义,S3010_FTM 表示 FTM1,即通道 1 */
# define S3010_CH FTM_CH0                /* 宏定义,S3010_CH 表示 FTM1_CH0,即模块 0 */
# define S3010_HZ 100                    /* 宏定义,S3010_HZ 代表舵机工作频率 100Hz */
int main(void)
{
    uint i;                             /* 定义无符号整型变量 i */
    ftm_pwm_init(S3010_FTM,S3010_CH,S3010_HZ,100);
    /* ftm_pwm_init()是舵机初始化函数,设置舵机频率为 100Hz,模块 1,通道 0 */
    while(1)
    {
        for(i=13;i<25;i++)
        {
            ftm_pwm_duty(S3010_FTM,S3010_CH,100-i);
            /* ftm_pwm_duty()设置通道占空比,通过占空比控制智能小车的打角(即摆动角
               度) */
            DELAY_MS(200);              /* 延时函数 */
        }
        for(;i>13;i--)
        {
            ftm_pwm_duty(S3010_FTM, S3010_CH,100-i);
            DELAY_MS(200);
        }
    }
    return 0;
}
```

本例是摘自 2016 年飞思卡尔智能车大赛信标组参赛车辆的部分程序,主要涉及宏定义、顺序控制和循环控制等知识。

程序的作用是通过调用两个 ftm 函数控制智能小车的舵机左右摆动。

其中,ftm_pwm_init 函数用于智能小车舵机的初始化;ftm_pwm_duty 函数用于设置通道占空比,通过占空比控制智能小车的打角(即舵机摆动角度),占空比分母已经固定为 100。

这两个函数的具体用法如下:

```
ftm_pwm_init(模块选择,通道选择,频率设置,占空比分子设置);
ftm_pwm_duty(模块选择,通道选择,占空比分子设置);
```

为保证控制效果,在程序中还调用了延时函数 DELAY_MS(200),括号里面输入 200 代表延时 200ms。

实例 11

编程要求:运用指针知识编写 K60 单片机程序,通过处理二维数组数据求出所有亮点中心点的坐标并根据亮点中心点偏离中心线的距离对舵机进行控制,从而实现方向控制。二维数组的值分别对应摄像头的行列像素点。

程序如下:

```
void researchsenter(int * q,int * w)         /*设置寻找中点函数*/
{
    uint i,j;                                /*变量的定义*/
    int Rsum=0;
    int Csum=0;
    int distence=0;
    for(i=ROW_begin;i<ROW_end;i++)
    {
        for(j=COL_begin;j<COL_end;j++)
        {
            if(Pix_Data[i][j]>lightsignal)     /*Pix_Data 二维数组分别对应摄像头扫描点,
                                                 lightsignal 为设置的黑白二值化的阈值*/
            {
                if(Pix_Data[i+fushi][j]>lightsignal&&Pix_Data[i][j+fushi]>lightsignal)
                                               /*通过腐蚀算法再次判断亮点*/
                {
                    Rsum=i+Rsum;               /*计算亮点横坐标的总和*/
                    Csum=i+Csum;               /*计算亮点纵坐标的总和*/
                    distence++;                /*求所有亮点数*/
                }
            }
        }
    }
    Rsum=Rsum/distence;                        /*求亮点中心点横坐标*/
    Csum=Csum/distence;                        /*求亮点中心点纵坐标*/
    * q=Rsum;                                  /*将变量 Rsum 的值赋给 q*/
    * w=Csum;                                  /*将变量 Csum 的值赋给 w*/
}

void lightturncontrol1()
{
    int x,y;                                   /*定义整型变量 x,y*/
    float pwm_error;                           /*定义浮点型变量 pwm_error*/
    signed int fx_error;                       /*变量的定义*/
    searchcenter(&y,&x);                       /*调用寻找信标中心点坐标,并将其对应坐标取回*/
    fx_error=x-COL/2;                          /*求出图像中信标偏移量*/
```

```
    pwm_error=6.5 * y * fx_error;            /* 根据偏差求舵机控制偏差值 */
    SetSteer(1599+fx_error);                 /* 根据偏差算出舵机实际打角值,以便对智能车的
                                                方向进行控制 */
}
```

本例同样是摘自 2016 年飞思卡尔智能车大赛信标组参赛车辆的部分程序,主要涉及指针、循环结构、选择结构和函数调用等内容。

程序先利用黑白摄像头采集目标区域亮着的灯(亮点对应的值较大)的中心点坐标,然后通过数据处理得到智能车的转向角度。

在实际应用中,本例和上例需配合使用,先用本例计算出实际打角值,再用上例根据打角值控制舵机转向。

实例 12

编程要求:利用 K60 单片机读取键盘设置的速度参数。

程序分析:先用宏定义来定义键值,然后定义一个结构体变量类型整合所有与速度相关的参数,以方便对速度参数的引用。

程序如下:

```
#include "common.h"              /* 包含头文件 common.h */
#include "include.h"             /* 包含头文件 include.h */
char KeyValue=0;                 /* 定义按键全局变量 */
#define KEY01 1                  /* 宏定义键值 */
#define KEY02 2
#define KEY03 3
#define KEY04 9
#define KEY05 10
#define KEY06 11
#define KEY07 17
#define KEY08 18
#define KEY09 19
#define KEY00 26
#define KEYBK 25                 /* 返回键 */
#define KEYOK 27                 /* 确定键 */
struct speed_Control             /* 结构体变量定义,此结构体类型涵盖所有与速度
                                    相关的参数 */

{
    uint SpeedMax;               /* 设定最大速度 */
    uint SpeedMin;               /* 设定最小速度 */
    float SpeedP;                /* 速度闭环比例环节系数 */
    float SpeedI;                /* 速度闭环积分环节系数 */
    float SpeedD;                /* 速度闭环微分环节系数 */
    char GiveSpeed;              /* 给定速度 */
    char CenterSpeed;            /* 实际速度 */
}s_Control;                      /* 定义 s_Control 为结构体变量 */

void setSpeed()                  /* 速度设置函数 */
{
```

```
        while (KeyValue!=KEYBK)
        {
            LCD_CLS();                           /* 调用 12864 液晶屏清屏函数 */
            LCD_P8x16Str(5,0,"Set Speed");/* 在 12864 液晶屏第 0 行第 5 列显示"Set Speed" */
            LCD_P6x8Str(20,3,"1..SpeedMax");     /* 在 12864 液晶屏第 3 行第 20 列显示"1..
                                                    SpeedMax" */
            LCD_ShowInt(80,3,(int) s_Control.SpeedMax);
                                                 /* 在 12864 液晶屏第 3 行第 80 列显示设置
                                                    的强制取整后的最大速度 */
            LCD_P6x8Str(20,4,"2..SpeedMin");     /* 在 12864 液晶屏第 4 行第 20 列显示
                                                    "2..SpeedMin" */
            LCD_ShowInt(80,4,(int) s_Control.SpeedMin);
                                                 /* 在 12864 液晶屏第 4 行第 80 列显示设置
                                                    的强制取整后的最小速度 */
            WAIT_KEY;                            /* 调用函数 WAIT_KEY 等待按键摁下,当
                                                    按键摁下时触发中断,跳出等待,否则一
                                                    直等待按键按下 */
            READ_KEY;                            /* 读取摁下的按键值,并赋给变量 KeyValue */
            switch (KeyValue)                    /* 用 switch…case 语句列举各种情况 */
            {
                case KEY01:                      /* 键值为 1 时执行以下操作 */
                    LCD_CLS();                   /* 调用 12864 液晶屏清屏函数 */
                    LCD_P6x8Str(37,2,"…^_^…");
                                                 /* 在第 2 行第 37 列显示"…^_^…" */
                    LCD_P6x8Str(5,4,"SpeedMax");
                                                 /* 在第 4 行第 5 列显示"SpeedMax" */
                    s_Control.SpeedMax=getNum();
                                                 /* 调用 getNum 函数给结构体变量 s_Control
                                                    的成员 SpeedMax 赋值,设定最大速度 */
                    break;                       /* 结束 KEY01,跳出 switch */
                case KEY02:                      /* 键值为 2 时执行以下操作 */
                    LCD_CLS();                   /* 调用清屏函数 */
                    LCD_P6x8Str(37,2,"…^_^…");
                                                 /* 在第 2 行第 37 列显示"…^_^…" */
                    LCD_P6x8Str(5,4,"SpeedMin");
                                                 /* 在第 4 行第 5 列显示"SpeedMin" */
                    s_Control.SpeedMin=getNum();
                                                 /* 调用 getNum 函数给结构体变量 s_Control
                                                    的成员 SpeedMin 赋值,设定最小速度 */
                    break;                       /* 结束 KEY02,跳出 switch */
                default:
                                                 /* 如不满足 case 的任何一种情况,执行下列
                                                    操作 */
                    LCD_ShowInt(80,6,KeyValue);
                                                 /* 在第 6 行第 80 列显示 KeyValue 的值 */
                    break;                       /* 跳出 default,结束 */
            }
        }
    }
```

本例定义了一种结构体类型 struct speed_Control，用于整合所有与速度相关的参数，之后所有对速度参数的引用都通过该类型的结构体变量实现。switch 语句根据按下按键的键值对速度参数设置进行区分，输入速度参数的读取由 getNum 函数实现。12864 液晶屏上的相关设置均通过库函数调用实现。

本程序主要涉及宏定义、全局变量、switch 语句、结构体、函数调用等知识。

实例 13

编程要求：利用位运算中的左移指令"<<"通过 51 单片机控制发光二极管实现流水灯的效果。

程序分析：给单片机某个 IO 口的 8 个引脚各接一个发光二极管，然后使引脚轮流输出高电平，即可实现流水灯设计。

程序如下：

```
#include<reg51.h>          /*包含头文件reg51.h,其作用是将51单片机常用
                            的库函数包含到文件当中*/
sbit LED1=P1^1             /*将51单片机的P1.1引脚命名为LED1*/
unsigned int a;            /*定义无符号整型变量a*/
unsigned char i;           /*定义无符号字符变量i*/
int main(void)
{
    while(1)               /*死循环,一直执行while循环中的语句*/
    {
        for(i=0;i<8;i++)   /*利用for循环和左移指令使高电平"1"在单片机P1口的8个
                             引脚中循环,产生流水灯的效果*/
        {
            P1=P1<<1       /*使用左移指令每次将高电平"1"左移一位*/
            a=65392;       /*给延迟时间变量a赋值,控制延迟的时间*/
            while(a--);    /*利用while循环实现等待延时*/
        }
        P1=0xff;           /*将P1口全部赋值为1,P1口控制的灯全亮*/
        a=65392;           /*重新设置延迟时间*/
        while(a--);        /*延时等待*/
    }
    return 0;
}
```

本例中存在一个假设，即给发光二极管施加高电平后二极管点亮，施加低电平时二极管熄灭。程序通过位运算中的左移指令"<<"控制高电平"1"在 51 单片机 P1 口的 8 个引脚中不断左移，从而产生流水灯的效果。

需要注意的是，因为程序的执行速度远高于人眼的分辨能力，所以要想产生流水灯的闪烁效果，在每次高电平"1"左移之后还需要延迟一段时间以产生闪烁效果。延时的效果是由语句"while(a--)"实现的，通过给变量 a 赋不同的值可以改变延迟时间。

实例 14

编程要求：利用 51 单片机检测按键，并将被摁下的按键的键值显示在 LED 数码

管上。

程序分析：首先编程实时扫描按键状态，看是否有按键被摁下，若有则将被摁下的按键的键值送入单片机并驱动数码管将其显示出来。

程序如下：

```
#include<reg51.h>              /*包含头文件 reg51.h,其作用是将 51 单片机常用的库
                                函数包含到文件当中*/
#define uint unsigned int      /*变量类型重命名,用 uint 代替 unsigned int*/
#define uchar unsigned char    /*同上,用 uchar 代替 unsigned char*/
sbit dula=P2^6;                /*将 51 单片机的 P2.6 引脚命名为 dula*/
sbit wela=P2^7;                /*将 51 单片机的 P2.7 引脚命名为 wela*/
sbit key1=P3^4;                /*将 51 单片机的 P3.4 引脚命名为 key1*/
uchar code table[]=
{
    0x3f,0x06,0x5b,0x4f,
    0x66,0x6d,0x7d,0x07,
    0x7f,0x6f,0x77,0x7c,
    0x39,0x5e,0x79,0x71,0
};                             /*定义一维数组 table,用于存放 LED 数码管的显示编码*/
uchar num,temp,num1;           /*定义无符号字符变量 num、temp、num1*/
uchar keyscan();               /*函数声明,要调用子函数,需要在主函数前声明*/
void display(uchar aa);
void delay(uint z)             /*设置延时函数,由于摁下按键的时候人手会有抖动,这里用于
                                消除那段抖动时间*/
{
    uint x,y;                  /*定义无符号整型变量 x、y*/
    for(x=z;x>0;x--)
        for(y=110;y>0;y--);    /*用两重 for 循环嵌套实现延时*/
}
int main(void)
{
    num=17;
    /*控制数码管显示时应先确定输出什么数据(段选),然后再确定由哪一个数码显示数据(位
      选)*/
    dula=1;                    /*打开段选,此时控制段选的寄存器打开,通过 P0 口输出想要
                                显示的数据*/
    P0=0;                      /*P0 口发送 0,数码管熄灭*/
    dula=0;                    /*关闭段选*/
    wela=1;                    /*打开位选,此时控制位选的寄存器打开,P0 口输出的数据用
                                于决定哪一位数码管进行显示*/
    P0=0xc0;                   /*给位选赋初值*/
    wela=0;                    /*关闭位选*/

    while(1)                   /*死循环,一直执行 while 循环中的语句*/
    {
        display(keyscan());    /*显示摁下的按键值*/
    }
    return 0;
}
```

```c
void display(uchar aa)            /* 数码管显示函数 */
{
    dula=1;                       /* 打开段选 */
    P0=table[aa-1];               /* 发送段选 */
    dula=0;                       /* 关闭段选 */
}
uchar keyscan()                   /* 键盘扫描函数,利用扫描方式发现摁下的按键 */
{
    P3=0xfe;                      /* 将引脚 P3.1~P3.7 置为高电平,P3.0 置为低电平 */
    temp=P3;                      /* 将 P3 口的值送给 temp,若有按键被摁下,则 P3 口的高 4 位
                                     不全为 1 */
    temp=temp&0xf0;               /* temp 和 0xf0 与,temp 的高 4 位不变,低 4 位清零,将值赋给
                                     temp */
    while(temp!=0xf0)             /* 当有按键被摁下时,P3 口的高 4 位不全为 1 */
    {
        delay(5);                 /* 延时 5ms,人手产生的抖动会使按键被摁下的瞬间产生多次
                                     高低电平变化,延时是为了消除抖动带来的影响 */
        temp=P3;                  /* 再次将 P3 的值送给 temp */
        temp=temp&0xf0;           /* temp 和 0xf0 与,temp 的高 4 位不变,低 4 位清零,再次将值赋
                                     给 temp */
        while(temp!=0xf0)         /* 再次检测是否被摁下,防止误触发 */
        {
            temp=P3;              /* 将 P3 口的值赋给 temp */
            switch(temp)          /* 利用 switch 语句获取按键的值 */
            {
                case 0xee:num=1;break;   /* 若变量 temp 值为 0xee,num=1 */
                case 0xde:num=2;break;   /* 若变量 temp 值为 0xde,num=2 */
                case 0xbe:num=3;break;   /* 若变量 temp 值为 0xbe,num=3 */
                case 0x7e:num=4;break;   /* 若变量 temp 值为 0x7e,num=4 */
            }
            while(temp!=0xf0)     /* 等待摁着按键的手松开 */
            {
                temp=P3;
                temp=temp&0xf0;   /* temp 的高 4 位不变,低 4 位清零 */
            }
        }
    }
    return num;                   /* 返回按键扫到的值 */
}
```

本例是对 51 单片机的编程,用于实时获取并显示被摁下的按键的键值。可以看到,此程序篇幅较长,涉及的 C 语言的知识点较多,涵盖了宏定义、位运算、顺序结构、循环结构、选择结构、数组及函数调用等内容。读者在学习时需要重点关注各种知识点的使用情况,对于电路方面的工作原理可以参考 51 单片机的相关内容。

附录 A 常用字符与 ASCII 代码对照表

ASCII 值	字符	控制字符	ASCII 值	字符	ASCII 值	字符	ASCII 值	字符
000	null	NUL	032	(space)	064	@	096	'
001	☺	SOH	033	!	065	A	097	a
002	☻	STX	034	"	066	B	098	b
003	♥	ETX	035	♯	067	C	099	c
004	♦	EOT	036	$	068	D	100	d
005	♣	END	037	%	069	E	101	e
006	♠	ACK	038	&	070	F	102	f
007	beep	BEL	039	'	071	G	103	g
008	backspace	BS	040	(	072	H	104	h
009	tab	HT	041	)	073	I	105	i
010	换行	LF	042	*	074	J	106	j
011	♂	VT	043	+	075	K	107	k
012	♀	FF	044	,	076	L	108	l
013	按回车键	CR	045	—	077	M	109	m
014	♫	SO	046	.	078	N	110	n
015	☼	SI	047	/	079	O	111	o
016	▶	DLE	048	0	080	P	112	p
017	◀	DC1	049	1	081	Q	113	q
018	↕	DC2	050	2	082	R	114	r
019	‼	DC3	051	3	083	S	115	s
020	¶	DC4	052	4	084	T	116	t
021	§	NAK	053	5	085	U	117	u
022	▬	SYN	054	6	086	V	118	v
023	↨	ETB	055	7	087	W	119	w
024	↑	CAN	056	8	088	X	120	x
025	↓	EM	057	9	089	Y	121	y
026	→	SUB	058	:	090	Z	122	z
027	←	ESC	059	;	091	[	123	{
028	∟	FS	060	<	092	\	124		
029	↔	GS	061	=	093	]	125	}
030	▲	RS	062	>	094	^	126	~
031	▼	US	063	?	095	_	127	⌂

附录 B　关键字及其用途

关 键 字	说　　明	用　途
char	一个字节长的字符值	数据类型
short	短整数	
int	整数	
unsigned	无符号类型,最高位不作符号位	
long	长整数	
float	单精度实数	
double	双精度实数	
struct	用于定义结构体的关键字	
union	用于定义共用体的关键字	
void	空类型,用它定义的对象不具有任何值	
enum	定义枚举类型的关键字	
signed	有符号类型,最高位作符号位	
const	表明这个量在程序执行过程中不可变	
volatile	表明这个量在程序执行过程中可被隐含地改变	
typedef	用于定义同义数据类型	存储类别
auto	自动变量	
register	寄存器类型	
static	静态变量	
extern	外部变量声明	
break	退出最内层的循环或 switch 语句	流程控制
case	switch 语句中的情况选择	
continue	跳到下一轮循环	
default	switch 语句中其余情况标号	
do	在 do…while 循环中的循环起始标记	
else	if 语句中的另一种选择	
for	带有初值、测试和增量的一种循环	
goto	转移到标号指定的地方	
if	语句的条件执行	
return	返回到调用函数	
switch	从所有列出的动作中作出选择	
while	在 while 和 do…while 循环中语句的条件执行	
sizeof	计算表达式和类型的字节数	运算符

附录 C 运算符和结合性

优先级	运算符	名称或含义	使用形式	结合方向	说　明
1	[]	数组下标	数组名[常量表达式]	从左到右	
	()	圆括号	(表达式)/函数名(形参表)		
	.	成员选择(对象)	对象.成员名		
	->	成员选择(指针)	对象指针->成员名		
2	-	负号运算符	-表达式	从右到左	单目运算符
	(类型)	强制类型转换	(数据类型)表达式		单目运算符
	++	自增运算符	++变量名/变量名++		单目运算符
	--	自减运算符	--变量名/变量名--		单目运算符
	*	取值运算符	*指针变量		单目运算符
	&	取地址运算符	&变量名		单目运算符
	!	逻辑非运算符	!表达式		单目运算符
	~	按位取反运算符	~表达式		单目运算符
	sizeof	长度运算符	sizeof(表达式)		单目运算符
3	/	除	表达式/表达式	从左到右	双目运算符
	*	乘	表达式*表达式		双目运算符
	%	余数(取模)	整型表达式/整型表达式		双目运算符
4	+	加	表达式+表达式	从左到右	双目运算符
	-	减	表达式-表达式		双目运算符
5	<<	左移	变量<<表达式	从左到右	双目运算符
	>>	右移	变量>>表达式		双目运算符
6	>	大于	表达式>表达式	从左到右	双目运算符
	>=	大于等于	表达式>=表达式		双目运算符
	<	小于	表达式<表达式		双目运算符
	<=	小于等于	表达式<=表达式		双目运算符
7	==	等于	表达式==表达式	从左到右	双目运算符
	!=	不等于	表达式!=表达式		双目运算符
8	&	按位与	表达式&表达式	从左到右	双目运算符
9	^	按位异或	表达式^表达式	从左到右	双目运算符
10	|	按位或	表达式|表达式	从左到右	双目运算符
11	&&	逻辑与	表达式&&表达式	从左到右	双目运算符
12	||	逻辑或	表达式||表达式	从左到右	双目运算符
13	?:	条件运算符	表达式1?表达式2:表达式3	从右到左	三目运算符

续表

优先级	运算符	名称或含义	使用形式	结合方向	说　　明
14	=	赋值运算符	变量=表达式	从右到左	双目运算符
	/=	除后赋值	变量/=表达式		双目运算符
	*=	乘后赋值	变量*=表达式		双目运算符
	%=	取模后赋值	变量%=表达式		双目运算符
	+=	加后赋值	变量+=表达式		双目运算符
	-=	减后赋值	变量-=表达式		双目运算符
	<<=	左移后赋值	变量<<=表达式		双目运算符
	>>=	右移后赋值	变量>>=表达式		双目运算符
	&=	按位与后赋值	变量&=表达式		双目运算符
	^=	按位异或后赋值	变量^=表达式		双目运算符
	|=	按位或后赋值	变量|=表达式		双目运算符
15	,	逗号运算符	表达式,表达式,…	从左到右	从左向右顺序运算

附录 D 常用的 C 语言库函数

表 D.1 数 学 函 数

调用数学函数时,要求在源文件中包含头文件"math.h",使用以下命令行:

#include <math.h>或 include "math.h"

函数名	函数原型说明	功 能	返回值	说 明
abs	int abs (int x);	求整数 x 的绝对值	计算结果	
acos	double acos (double x);	计算 $\cos^{-1}(x)$ 的值	计算结果	x 在 $-1 \sim$ 1 范围内
asin	double asin (double x);	计算 $\sin^{-1}(x)$ 的值	计算结果	x 在 $-1 \sim$ 1 范围内
atan	double atan (double x);	计算 $\tan^{-1}(x)$ 的值	计算结果	
atan2	double atan2 (double x);	计算 $\tan^{-1}(x/y)$ 的值	计算结果	
cos	double cos (double x);	计算 $\cos(x)$ 的值	计算结果	x 的单位为弧度
cosh	double cosh (double x);	计算双曲余弦 $\cosh(x)$ 的值	计算结果	
exp	double exp (double x);	计算 e^x 的值	计算结果	
fabs	double fabs(double x);	求 x 的绝对值	计算结果	
floor	double floor (double x);	求不大于 x 的最大整数	整数的双精度数	
fmod	double fmod (double x, double y);	求整除 x/y 的余数	余数的双精度数	
frexp	double frexp(double val, int * eptr);	把双精度数 val 分解尾数 x 和以 2 为底的指数 n,即 val$=x * 2n$,n 存放在 eptr 所指向的变量中	返回尾数 x $0.5{\leqslant}x{<}1$	
log	double log (double x);	求 $\log_e x$,即 $\ln x$	计算结果	
log10	double $\log_{10}$ (double x);	求 $\log_{10} x$	计算结果	
modf	double modf(double val, double * iptr);	把双精度数 val 分解成整数部分和小数部分,整数部分存放在 iptr 所指的单元	val 的小数部分	
pow	double pow (double x, double y);	计算 x^y 的值	计算结果	
sin	double sin (double x);	计算 $\sin(x)$ 的值	计算结果	x 的单位为弧度
sinh	double sinh (double x);	计算 x 的双曲正弦函数 $\sinh(x)$值	计算结果	
sqrt	double sqrt (double x);	计算 x 的平方根	计算结果	$x{\geqslant}0$
tan	double tan (double x);	计算 $\tan(x)$ 的值	计算结果	x 的单位为弧度
tanh	double tanh(double x);	计算 x 的双曲正切函数 $\tanh(x)$ 的值	计算结果	

表 D.2　字符函数和字符串函数

调用字符函数时,要求在源文件中包含头文件"ctype.h";调用字符串函数时,要求在源文件中包含头文件"string.h"。

函数名	函数原型说明	功　　能	返　回　值	包含文件
isalnum	int isalnum(int ch);	检查 ch 是否为字母或数字	是,返回 1;否则返回 0	ctype.h
isalpha	int isalpha(int ch);	检查 ch 是否为字母	是,返回 1;否则返回 0	ctype.h
iscntrl	int iscntrl(int ch);	检查 ch 是否为控制字符	是,返回 1;否则返回 0	ctype.h
isdigit	int isdigit(int ch);	检查 ch 是否为数字	是,返回 1;否则返回 0	ctype.h
isgraph	int isgraph(int ch);	检查 ch 是否为(ASCII 码值在 ox21 到 ox7e)的可打印字符(即不包含空格字符)	是,返回 1;否则返回 0	ctype.h
islower	int islower(int ch);	检查 ch 是否为小写字母	是,返回 1;否则返回 0	ctype.h
isprint	int isprint(int ch);	检查 ch 是否为字母或数字	是,返回 1;否则返回 0	ctype.h
ispunct	int ispunct(int ch);	检查 ch 是否为标点字符(包括空格),即除字母、数字和空格以外的所有可打印字符	是,返回 1;否则返回 0	ctype.h
isspace	int isspace(int ch);	检查 ch 是否为空格、制表或换行字符	是,返回 1;否则返回 0	ctype.h
isupper	int isupper(int ch);	检查 ch 是否为大写字母	是,返回 1;否则返回 0	ctype.h
isxdigit	int isxdigit(int ch);	检查 ch 是否为 16 进制数字	是,返回 1;否则返回 0	ctype.h
strcat	char * strcat(char * s1,char * s2);	把字符串 s2 接到 s1 后面	s1 所指地址	string.h
strchr	char * strchr(char * s,int ch);	在 s 把指字符串中,找出第一次出现字符 ch 的位置	返回找到的字符的地址,找不到返回 NULL	string.h
strcmp	char * strcmp(char * s1,char * s2);	对 s1 和 s2 所指字符串进行比较	s1<s2,返回负数,s1=s2,返回 0,s1>s2,返回正数	string.h
strcpy	char * strcpy(char * s1,char * s2);	把 s2 指向的串复制到 s1 指向的空间	s1 所指地址	string.h
strlen	unsigned strlen(char * s);	求字符串 s 的长度	返回串中字符(不计最后的'\0')个数	string.h
strstr	char * strstr(char * s1,char * s2);	在 s1 所指字符串中,找到字符串 s2 第一次出现的位置	返回找到的字符串的地址,找不到返回 NULL	string.h
tolower	int tolower(int ch);	把 ch 中的字母转换成小写字母	返回对应的小写字母	ctype.h
toupper	int toupper(int ch);	把 ch 中的字母转换成大写字母	返回对应的大写字母	ctype.h

表 D.3 输入输出函数

调用输入输出函数时,要求在源文件中包含头文件"stdio.h"。

函数名	函数原型说明	功 能	返 回 值	说 明
clearerr	void clearer(FILE * fp);	清除与文件指针 fp 有关的所有出错信息	无	
close	int close(int fp);	关闭文件	关闭成功返回 0,不成功返回—1	非 ANSI 标准函数
creat	int creat(char * filename, int mode);	以 mode 所指定的方式建立文件	成功则返回正数,否则返回—1	非 ANSI 标准函数
eof	inteof (int fd);	检查文件是否结束	遇文件结束,返回 1;否则返回 0	非 ANSI 标准函数
fclose	int fclose(FILE * fp);	关闭 fp 所指的文件,释放文件缓冲区	出错返回非 0,否则返回 0	
feof	int feof(FILE * fp);	检查文件是否结束	遇文件结束返回非 0,否则返回 0	
fgetc	int fgetc(FILE * fp);	从 fp 所指的文件中取得下一个字符	出错返回 EOF,否则返回所读字符	
fgets	char * fgets(char * buf, int n, file * fp);	从 fp 所指的文件中读取一个长度为 $n-1$ 的字符串,将其存入 buf 所指存储区	返回 buf 所指地址,若遇文件结束或出错返回 NULL	
fopen	FILE * fopen (char * filename, char * mode);	以 mode 指定的方式打开名为 filename 的文件	成功,返回文件指针(文件信息区的起始地址),否则返回 NULL	
fprintf	int fprintf (FILE * fp, char * format,args,…);	把 args 的值以 format 指定的格式输出到 fp 所指定的文件中	实际输出的字符数	
fputc	int fputc (char ch, FILE * fp);	把 ch 中字符输出到 fp 所指文件	成功返回该字符,否则返回 EOF	
fputs	int fputs (char * str, FILE * fp);	把 str 所指字符串输出到 fp 所指文件	成功返回非 0,否则返回 0	
fread	int fread (char * pt, unsigned size,unsigned n, FILE * fp);	从 fp 所指文件中读取长度为 size 的 n 个数据项存到 pt 所指文件中	读取的数据项个数	
fscanf	int fscanf (FILE * fp, char * format,args,…);	从 fg 所指定的文件中按 format 指定的格式把输入数据存入到 args 所指的内存中	已输入的数据个数,遇文件的结束或出错返回 0	
fseek	int fseek (FILE * fp, long offer,int base);	移动 fp 所指文件的位置指针	成功返回当前位置,否则返回—1	
ftell	int ftell(FILE * fp);	求出 fp 所指文件当前的读写位置	读写位置	

函数名	函数原型说明	功　　能	返　回　值	说　　明
fwrite	int fwrite (char * pt, unsigned size, unsigned n, FILE * fp);	把 pt 所指向的 n * size 个字节输出到 fp 所指文件中	输出的数据项个数	
getc	int getc(FILE * fp);	从 fp 所指文件中读取一个字符	返回所读字符,若出错或文件结束返回 EOF	
getchar	int getchar(void);	从标准输入设备读取下一个字符	返回所读字符,若出错或文件结束返回-1	
getw	int getw (FILE * fp);	从 fp 所指向的文件读取下一个字(整数)	输入的整数如文件结束或出错,返回-1	非 ANSI 标准函数
open	int open (char * filename, int mode);	以 mode 指出的方式打开已存在的名为 filename 的文件	返回文件号(正数)如打开失败,返回-1	非 ANSI 标准函数
printf	int printf (char * format, args,…);	按 format 指向的格式字符串所规定的格式,将输出表列 args 的值输出到标准输出设备	输出字符个数若出错,返回负值	format 可以是一个字符串,或字符数组的起始地址
putc	int putc (int ch, FILE * fp);	同 fputc	同 fputc	
putcahr	int putcahr(char ch);	把 ch 输出到标准输出设备	返回输出的字符,若出错,返回 EOF	
puts	int puts(char * str);	把 str 所指字符串输出到标准设备,将 '\0' 转换成按回车键换行符	返回换行符,若出错,返回 EOF	
putw	int putw (int w, FILE * fp);	将一个整数 w(即一个字)写到 fp 指向的文件中	返回输出的整数;若出错,返回 EOF	非 ANSI 标准函数
read	int read (int fp, char * buf,unsigned count);	从文件号 fp 所指示的文件中读 count 个字节到由 buf 指示的缓冲区中	返回真正读入的字节个数如遇文件结束返回 0,出错返回-1	非 ANSI 标准函数
rename	int rename(char * oldname,char * newname);	把 oldname 所指文件名改为 newname 所指文件名	成功返回 0,出错返回-1	
rewind	void rewind(FILE * fg);	将 fp 指示的文件位置指针置于文件开头,并清除文件结束标志和错误标志	无	
scanf	int scanf (char * format, args,…);	从标准输入设备按 format 指定的格式把输入数据存入到 args 所指的内存中	读入并赋给 args 的数据个数遇文件结束返回 EOF,出错返回 0	args 为指针
write	int write (int fd, char * buf,unsigned count);	从 buf 指示的缓冲区输出 count 个字符到 fd 所标志的文件中	返回实际输出的字节数如出错返回-1	非 ANSI 标准函数

表 D.4   动态分配函数和随机函数

调用动态分配函数和随机函数时,要求在源文件中包含头文件"stdlib.h"。

函数名	函数原型说明	功　　能	返　回　值
calloc	void * calloc(unsigned n, unsigned size);	分配 n 个数据项的内存空间,每个数据项的大小为 size 个字节	分配内存单元的起始地址;如不成功,返回 0
free	void free(void p);	释放 p 所指的内存区	无
malloc	void * malloc(unsigned size);	分配 size 个字节的存储空间	分配内存空间的地址;如不成功返回 0
realloc	void * realloc(void * p, unsigned size);	把 p 所指内存区的大小改为 size 个字节	新分配内存空间的地址;如不成功返回 0
rand	int rand(void);	产生 0~32767 之间的随机数	返回一个随机整数
exit	void exit(0)	文件打开失败,返回运行环境	无